Simsa/Patak

Leadership & Homeoffice

Leadership & Homeoffice

So gelingt Führung auf Distanz

Prof. Dr. Ruth Simsa

Professorin am Institut für Soziologie und empirische
Sozialforschung der Wirtschaftsuniversität Wien

Mag. Michael Patak

Organisationsberater (Patak Beratung
und Beratergruppe Neuwaldegg)

Zitiervorschlag: *Simsa/Patak*, Leadership & Homeoffice (2021) Seite

Bibliografische Information der Deutschen Nationalbibliothek

Die Deutsche Nationalbibliothek verzeichnet diese Publikation in der Deutschen Nationalbibliografie; detaillierte bibliografische Daten sind im Internet über http://dnb.d-nb.de abrufbar.

ISBN 978-3-7143-0359-9 (Print)
ISBN 978-3-7094-1148-3 (E-Book-PDF)
ISBN 978-3-7094-1149-0 (E-Book-ePub)

© Linde Verlag Ges.m.b.H., Wien 2021
1210 Wien, Scheydgasse 24, Tel.: 01/24 630
www.lindeverlag.at
Druck: Hans Jentzsch & Co GmbH
1210 Wien, Scheydgasse 31
Dieses Buch wurde in Österreich hergestellt.

Gedruckt nach der Richtlinie des Österreichischen Umweltzeichens „Druckerzeugnisse", Druckerei Hans Jentzsch & Co GmbH, UW-Nr. 790

PRINTED IN AUSTRIA

Inhaltsverzeichnis

1. Zu diesem Buch – Zielgruppe und Konzept 1

2. Ein kurzer Blick in die Forschung – Die Bedeutung von Homeoffice, Motivation und Produktivität 5
   2.1. Quantitative Bedeutung und Gründe für Arbeit im Homeoffice 5
   2.2. Motivation und Arbeitszufriedenheit 8
   2.3. Belastungen der Arbeit im Homeoffice für die Beschäftigten 10
   2.4. Produktivität bei Arbeit im Homeoffice 11
   2.5. Faktoren, die für das Gelingen von mobiler Arbeit und Homeoffice wesentlich sind 14

3. Das Führungspuzzle – Die Aufgabenfelder der Führung 16
   3.1. Sich selbst führen 17
   3.2. Die Mitarbeiter führen 18
   3.3. Die Zusammenarbeit gestalten 19
   3.4. Aufgaben und Ziele erfüllen 19
   3.5. Die Organisation entwickeln 20
   3.6. Den strategischen Rahmen für Führungsaktivitäten setzen 20
   3.7. Das Umfeld beobachten, relevante Trends erkennen, Rahmenbedingungen wahrnehmen und deren Bedeutung für den eigenen Verantwortungsbereich einschätzen 21

4. Selbstführung im Homeoffice 22
   4.1. Das ABC der Selbstführung 22
   4.2. Tipps für einen gesunden Arbeitsplatz – Ergonomie im Homeoffice ... 29
   Führungswerkzeug: Vorhaben-Box 32
   Führungswerkzeug: Stil und Auftritt in Videokonferenzen 33

5. Mitarbeiterführung ins Homeoffice 34
   5.1. Motivation, Fördern und Fordern, Feedback 34
       5.1.1. Motivation 34
       5.1.2. Leistungsbereitschaft – Leistungsfähigkeit – Leistungsmöglichkeit 34
       5.1.3. Zusammenhang von Motivation und Anforderung 35
       5.1.4. Fürsorge für Mitarbeiter 40
   5.2. Unterschiedliche Persönlichkeitstypen und deren Führung im Homeoffice – Das Big-Five-Modell 40
   5.3. Der persönliche Führungsstil – Eine Reflexionsgrundlage auch für erfahrene Führungskräfte 46
       5.3.1. Die klassischen dualen Konzepte von Leadership 46
       5.3.2. Umgang mit Entscheidungen: Von autoritär bis partizipativ 49
       5.3.3. Neue, gegenwärtig diskutierte Leadership-Stile 50

	5.3.4.	Konsequenzen für die Praxis bei Führung von Mitarbeitern im Homeoffice	52
		Führungswerkzeug: Elevator-Speech – Mein Führungsstil	53
5.4.		Burnout als Thema der Mitarbeiterführung	53
	5.4.1.	Verbreitung von Burnout	54
	5.4.2.	Ursachen von Burnout	55
	5.4.3.	Woran erkennt man Burnout – Warnsignale	55
	5.4.4.	Burnout im Homeoffice – Relevanz und Ursachen	56
	5.4.5.	Maßnahmen zur Vermeidung von Burnout	57

6. Die Zusammenarbeit gestalten im Homeoffice 59
6.1.		Zusammensetzung von Teams	59
6.2.		Regeln der Zusammenarbeit	59
6.3.		Feedback und Feedback-Kultur im Team	60
6.4.		Regelkommunikation	61
	6.4.1.	Mündliche Kommunikation – Besprechungen und Jour fixes	62
	6.4.2.	Schriftliche Kommunikation – Umgang mit E-Mail	62
6.5.		Virtuelle Meetings	63
6.6.		Kommunikation muss organisiert werden – auch die informelle	67
6.7.		Die Balance von Zuviel und Zuwenig	68
6.8.		Team-Events	69
		Führungswerkzeug: Digital Energizer in virtuellen Meetings	70
		Führungswerkzeug: Inspirierende Designelemente für digitale Meetings	70

7. Aufgaben und Ziele erfüllen im Homeoffice 72
7.1.		Ziele definieren	72
7.2.		Benchmarks	74
7.3.		Kontrolle und Evaluation	74
	7.3.1.	Ergebniskontrolle – Outputmessung	75
	7.3.2.	Kontrolle von Zeiten und Aktivitäten	75
7.4.		Umgang mit Irrtum und Fehlern	76
	7.4.1.	Fehler vermeiden, produktiven Irrtum fördern	76
	7.4.2.	Psychologische Sicherheit als Basis für Effektivität und Lernen	78
7.5.		Vorschlagswesen und Ideenmanagement	79
7.6.		Datensicherheit	79
7.7.		Orientierung von Aufgaben und Zielen am Purpose der Organisation	79
		Führungswerkzeug: Ziele und deren Kontrolle im Homeoffice festlegen	81

8. Die Organisation entwickeln für Arbeit im Homeoffice 82
| 8.1. | | Erwartungen und Spielregeln: Die Unternehmens-Policy für mobiles Arbeiten .... | 82 |
| | 8.1.1. | Eine Anleitung zur Formulierung von Regeln für die Arbeit im Homeoffice .... | 83 |

8.2.   Digitale betriebliche Gesundheitsförderung 86
8.3.   Auswirkungen von Homeoffice auf die Bedeutung von Führung 89
8.4.   Neue Formen der Zusammenarbeit entwickeln 89
        8.4.1.   Unterscheidung von steuernden, strategischen und
                  operativen Meetings 90
        8.4.2.   „Good enough to try" 91
        8.4.3.   Elemente der agilen Organisation 92
        8.4.4.   Arbeit an der Organisationskultur: Umgang mit digitalen
                  Meeting-Formaten 92
        8.4.5.   Lernen von sozialen Bewegungen – Kollektive Reflexion
                  und Regeln in der Organisation 93
                  Führungswerkzeug: Checkliste der sechs Grundsätze/Fragen
                  für die Gestaltung organisationaler Regeln 95

9. Resümee: Empfehlungen und Tipps für Mitarbeiterinnen und
    Führungskräfte 96
    9.1.   Empfehlungen für Führungskräfte bei teilweisem Homeoffice 97
    9.2.   Empfehlungen für Führungskräfte bei ausschließlichem Homeoffice ... 99
    9.3.   Empfehlungen für Führungskräfte und Mitarbeiterinnen bei
            teilweisem Homeoffice 101
    9.4.   Empfehlungen für Führungskräfte und Mitarbeiter bei
            ausschließlichem Homeoffice 102

Danksagung 105

Literatur 107

1. Zu diesem Buch – Zielgruppe und Konzept

Dieses Buch betrachtet die Führung von Mitarbeitern, die ihre Arbeit fern vom Büro verrichten – also meist im Homeoffice. Bezeichnungen dafür sind auch Remote Work, Arbeit aus der Distanz, Teleworking oder Heimarbeit. Dieses Arrangement kann Arbeitgeberinnen und Arbeitnehmern Vor- und Nachteile bringen, ist aber auch herausfordernd. Während Arbeit im Homeoffice in der letzten Zeit stark in den Fokus der Aufmerksamkeit gerückt ist, wird die Frage der Führung in Zusammenhang mit Arbeit aus der Distanz noch wenig diskutiert. Was von möglichen Vor- oder Nachteilen der Arbeit im Homeoffice wirksam wird, hängt allerdings stark von gutem Leadership ab. Das Buch richtet sich daher an Führungskräfte, die Mitarbeiterinnen aus der Distanz führen.

An wen adressiert sich unser Buch und warum ist das Thema von Bedeutung?

Dieses Buch soll Führungskräfte unterstützen, ihre Mitarbeiter aus der Distanz zu führen und ihren eigenen, für sie passenden Stil dabei zu finden. Arbeit im Homeoffice wird zunehmend zur Normalität. In den letzten Jahren ist die Zahl der Heimarbeitenden bereits rapide angewachsen und die Covid-Krise hat gezeigt, dass noch weit mehr in Heimarbeit möglich ist, als davor gedacht. Die Kompetenz im Umgang mit Kommunikationsmedien ist sprunghaft angestiegen, es gab einen großen Innovationsschub. Unternehmen, die davor kritisch eingestellt waren, sehen nun auch verstärkt das Potenzial von Remote Work. Das Führen aus der Distanz von Mitarbeitern im Homeoffice wird damit immer mehr zum Thema für sehr viele Führungskräfte.

Führen von Mitarbeitern im Homeoffice ist nicht jedermanns Sache. Viele Führungskräfte bevorzugen den persönlichen Kontakt, sie sind daran gewöhnt. In vielerlei Hinsicht ist Führen im persönlichen Kontakt auch leichter, spontane Kommunikation ist einfacher, wenn alle im gleichen Raum sind. Viele Führungskräfte haben auch Sorge, bei Arbeit aus der Distanz die Kontrolle zu verlieren. Dennoch nimmt Remote Work deutlich zu. Sei es, weil Mitarbeiterinnen in internationalen Projekten in verschiedenen Ländern leben, sei es, weil bestimmte Expertinnen schwer zu bekommen sind und durch Homeoffice motiviert werden. Die Strategie des Unternehmens kann darauf abzielen, Büroraum zu sparen, oder die Einführung von Heimarbeit wird in Krisensituationen notwendig – wie in Zusammenhang mit dem Corona-Virus. Auch für die Mitarbeiter hat Arbeit von zu Hause nicht nur Vorteile. Man muss sich selbst disziplinieren, vielen fällt es schwer, eine gute Tagesstruktur zu finden, und wenn Kinder oder beispielsweise auch zu pflegende Angehörige daheim sind, dann stehen Ablenkungen auf der Tagesordnung. Das Verschwimmen der Grenzen zwischen Arbeit und Freizeit ist problematisch – nicht umsonst haben Gewerkschaften bereits im 19. Jahrhundert gegen Heimarbeit gekämpft.

Arbeit aus dem Homeoffice bietet aber auch viele Chancen. Arbeitswege fallen weg, dies spart Zeit und Verkehrsaufwand. Mitarbeiter schätzen die Selbstbestimmtheit und Eigenverantwortung, die damit einhergeht. Kooperation über räumliche Distanzen wird einfacher. Viele Studien belegen zudem positive Auswirkungen auf die Produktivität sowie auf die Motivation der Beschäftigten (mehr dazu in Kapitel 2). Gute Führung ist eine der Grundbedingungen, damit diese Chancen auch genutzt werden. Dieses Buch soll

Führungskräfte dabei unterstützen, ihren eigenen erfolgreichen Weg im Umgang mit Arbeit aus der Distanz zu finden. Wir halten Führung bzw Leadership in sozialen Systemen für äußerst wichtig. Gute Führung kann Menschen und sozialen Systemen Orientierung geben und zu guten Lösungen beitragen. Schlechte Führung kann demotivieren, gute Lösungen verhindern und letztlich Personen auch krankmachen. Wesentlich ist: Führung ist immer eine wichtige Dienstleistung an der Organisation. Sie ist also kein Selbstzweck. In Teams, Abteilungen und Organisationen ist Führung unerlässlich (das bedeutet nicht, dass Führungskräfte unerlässlich sind, mehr dazu in Kapitel 8). Wenn Mitarbeiterinnen im Homeoffice geführt werden, gewinnt Führung noch mehr an Bedeutung, es braucht noch mehr Fingerspitzengefühl und eine klarere Gestaltung der eigenen Rolle und des eigenen Führungsstils.

Dazu bietet dieses Buch Hintergrundwissen, praxisnahe Hinweise und Material zur Selbstreflexion. An das Ende jedes Kapitels stellen wir ausgewählte Führungswerkzeuge. Das sind praktische Anregungen, entweder zur Reflexion des eigenen Führungshandelns (zum Beispiel die „Elevator Speech" in Kapitel 5) oder als Checkliste oder Sammlung von Empfehlungen (zum Beispiel das Werkzeug „Digital Energizer" in virtuellen Meetings in Kapitel 6).

Wir legen Wert darauf, dass das Buch gleichzeitig wissenschaftlich fundiert und leicht lesbar ist. Wir haben in vielen Gesprächen mit Führungskräften und Mitarbeitern Fragen, Probleme und Lösungsansätze rund um Leadership ins Homeoffice der Mitarbeiterinnen diskutiert. Erkenntnisse daraus ergänzen wir um unsere Erfahrungen aus Führungskräftetrainings und Organisationsberatungen sowie um wissenschaftliche Befunde zum Thema Leadership, Remote Work und Organisation. Die Inhalte sollen möglichst unmittelbar in der täglichen Führungspraxis umsetzbar sein. Die einzelnen Kapitel orientieren sich an unserem Modell des Führungspuzzles[1], sollten aber auch je für sich verständlich sein und können daher in beliebiger Reihenfolge gelesen werden. Schlagen Sie das Buch also gerne dort auf, wo es Sie gerade interessiert, und lassen Sie sich anregen, Ihren ganz eigenen Umgang mit Leadership in Zusammenhang mit Homeoffice zu finden.

Zur Sprache und den verwendeten Begriffen

Unter Homeoffice verstehen wir hier der Einfachheit halber jegliche Arbeit, die fern vom Büro geleistet wird. Meist ist dies Arbeit von daheim, gelegentlich in Shared Offices, im Kaffeehaus, in Bibliotheken oder an anderen Orten. Synonym verwenden wir die Begriffe Heimarbeit, Remote-Arbeit und Arbeit aus der Distanz. Der Begriff Remote-Arbeit verdeutlicht, dass es Mitarbeiterinnen möglich ist, von jedem beliebigen Ort aus zu arbeiten.[2] Homeoffice fällt in den Bereich der Telearbeit. Wir beziehen uns dabei im Wesentlichen auf Büroarbeit oder Arbeit am Bildschirm.

Wir sprechen von Leadership und selten von Management, weil dieses Buch stark auf den persönlichen Umgang mit der Führungsrolle abzielt und kaum auf spezifische Managementmethoden.

---

1   *Simsa/Patak* 2016.
2   Vgl *Digneo* 2018.

Wir sprechen mit unserem Buch alle Geschlechter an und es ist uns ein Anliegen, den Text sprachlich möglichst nicht zu komplizieren. Daher wechseln wir willkürlich und zufällig zwischen der weiblichen und der männlichen Form.

Aufbau des Buches

Der Aufbau des Buches orientiert sich stark an dem von uns entwickelten Führungspuzzle[3], das sieben Führungsfelder unterscheidet. Zunächst geben wir einen kurzen Überblick über den Stand des Wissens zur Bedeutung von Arbeit im Homeoffice sowie über ihre Auswirkungen auf Produktivität und Motivation der Beschäftigten (Kapitel 2). Danach beschreiben wir das Führungspuzzle, das die unserer Erfahrung nach zentralen Aufgabenfelder jeder Führungskraft umfasst (Kapitel 3).

Die darauf folgenden Kapitel orientieren sich an diesen Aufgabenfeldern. Zunächst geht es um die Herausforderung der Selbstführung für all jene (Führungskraft oder Mitarbeiterinnen), die im Homeoffice arbeiten (Kapitel 4). Wie schaffe ich Grenzen in einer eher entgrenzten Situation, wie kann ich die Vorteile des Homeoffice gut nutzen und die Wirkung der Nachteile minimieren? Kapitel 5 befasst sich mit der direkten Mitarbeiterführung, mit Motivation, Fördern und Fordern, dem Umgang mit unterschiedlichen Persönlichkeitstypen und unterschiedlichen Führungsstilen. Ein weiterer Fokus liegt auf der Teamführung, der Gestaltung von Zusammenarbeit (Kapitel 6). Hier geht es um Regeln der Zusammenarbeit und um die Organisation von Kommunikation in der Gruppe, also etwa um Feedback, die Sitzungskultur, Empfehlungen für virtuelle Meetings und andere Hebel, mit denen die Kooperation von Menschen, die nicht physisch zusammenkommen, gefördert werden kann. Ein weiteres Führungsfeld ist die Erfüllung von Aufgaben und Zielen (Kapitel 7). Besondere Beachtung bei Remote Work verdient die Definition von Zielen und Benchmarks. Weitere wichtige Themen hier sind die Gestaltung von Kontrolle und Evaluation, Möglichkeiten des Vorschlagswesens und Ideenmanagements sowie der Umgang mit Datensicherheit. Kapitel 8 widmet sich dem Thema Entwicklung der Organisation. Homeoffice verlangt besonders klare organisationale Rahmenbedingungen. Umgekehrt kann die neue Etablierung von Homeoffice auch der Anlass für die Entwicklung neuer Formen der Gestaltung der Organisation sein. Wir haben daher Anregungen aus neuen Organisationsmodellen zusammengestellt. Die beiden weiteren Führungsfelder Strategieentwicklung und die Beobachtung des Umfelds sind generell wenig von Homeoffice betroffen. Zwar bieten die in Zusammenhang mit Remote Work gestiegenen Kompetenzen im Umgang mit Kommunikationstechnologien interessante Möglichkeiten sowohl für die Gestaltung von Strategieworkshops als auch für das Erkennen gesellschaftlicher Entwicklungen und Trends, die für die eigene Führungstätigkeit relevant sein können, da es auf die Führung von Mitarbeitern im Homeoffice aber kaum spezielle Auswirkungen hat, widmen wir diesen Führungsfeldern kein eigenes Kapitel.

Anstatt einer Zusammenfassung stellen wir am Ende des Buches eine Sammlung jener Empfehlungen an Mitarbeiter und Führungskräfte vor, die uns für den Arbeits- und Führungsalltag als die relevantesten erscheinen.

---

3   *Simsa/Patak* 2016.

Zum Einstieg führen wir hier in einem Überblick mögliche Vor- und Nachteile der Arbeit im Homeoffice an:

Vor- und Nachteile der Arbeit im Homeoffice

Mögliche Vorteile

- Flexible Zeiteinteilung und Selbstbestimmung für die Mitarbeiterinnen
- Kein Zeitaufwand für Arbeitswege
- Einsparungen durch geringeren Büroraumbedarf
- Mehr Eigenverantwortung der Mitarbeiterinnen
- Flexiblere Zeiteinteilung
- Häufig weniger Ablenkung als am Arbeitsplatz
- Größere Auswahl beim Recruiting von Spezialistinnen
- Studien zeigen, dass die intrinsische Motivation bei den Personen im Homeoffice höher ist
- Studien belegen auch höhere Produktivität in untersuchten Bereichen

Mögliche Nachteile

- Technische Hürden
- Spontane Kommunikation unter Anwesenden fehlt – Online-Kommunikation ist eher eindimensional
- Weniger Möglichkeit für kreative Impulse und persönlichen Austausch
- Verschwimmende Grenzen zwischen Job und Privatleben – zum Teil höhere Belastungen für Mitarbeiter
- Mehr Selbstdisziplin und eigenständige Strukturierung des Tagesablaufs notwendig
- Schwierige Balance von Erreichbarkeit (Verfügbarkeit) und Nichterreichbarkeit
- Schwächeres Teamgefühl
- Weniger gelebte Unternehmenskultur – geringere Bindung der Mitarbeiter an die Organisation
- Schwierigeres Onboarding neuer Mitarbeiter

2. Ein kurzer Blick in die Forschung – Die Bedeutung von Homeoffice, Motivation und Produktivität

Im folgenden Kapitel geben wir einen kurzen Überblick über Forschungsergebnisse zum Thema. Wenig überraschend steigt die Bedeutung von Homeoffice derzeit deutlich und Remote Work wird vermutlich auch in Zukunft wichtig bleiben. Da Führungskräfte oft Bedenken hinsichtlich des Leistungsniveaus haben, sind Daten zu Motivation und Produktivität im Homeoffice besonders interessant. Die Forschung zeigt, dass die Motivation bei Heimarbeit deutlich steigt, vor allem, wenn diese freiwillig gewählt ist. In Bezug auf die Produktivität gibt es unterschiedliche Ergebnisse, die meisten weisen aber auf eine höhere Produktivität hin, die neben der Motivation auf die Flexibilität bei der Zeiteinteilung (Arbeit nach dem eigenen biologischen Rhythmus), auf weniger Störungen und auf geringere Fehlzeiten zurückgeführt wird.

2.1. Quantitative Bedeutung und Gründe für Arbeit im Homeoffice

Fortschritte in den Informations- und Kommunikationstechnologien führten dazu, dass Heimarbeit schon vor der Covid-Krise zugenommen hat. Eine Gallup-Erhebung zeigte, dass in den USA bereits im Jahr 2015 rund 37 % der Mitarbeiterinnen Erfahrungen mit Telearbeit hatten – im Gegensatz zu 9 % im Jahr 2009.[4]

Laut Daten von Eurostat haben 2018 – also vor der Covid-Krise – in Österreich 10 % der Beschäftigten normalerweise von daheim gearbeitet, in Deutschland waren es 5 %. Die höchsten Werte hatten die Niederlande mit 14 %, gefolgt von Finnland mit 13,3 %.[5] Dabei machen allerdings die Selbstständigen den jeweils größten Anteil aus, bei unselbstständig Beschäftigten lag der Anteil jener, die normalerweise im Homeoffice arbeiten, in Österreich im Jahr 2018 beispielsweise nur bei 3 %. Die Zahlen steigen hingegen auch für das Jahr 2018, wenn man auf teilweises Arbeiten im Homeoffice blickt. Im Jahr 2018 boten in Deutschland laut dem repräsentativen IAB-Betriebspanel bereits rund 26 % der Betriebe die Möglichkeit dazu, 8 % der Beschäftigten nahmen diese auch wahr, vor allem in den Bereichen Service, Verwaltung und Dienstleistung sowie Vertrieb und Marketing.[6] Berufstätige in den Niederlanden oder in Skandinavien verbrachten in diesem Jahr fast ein Drittel ihrer Arbeitszeit zu Hause.[7] Daten des European Labour Force Survey (ELFS) zum Anteil der Beschäftigten, die zumindest gelegentlich von zu Hause arbeiten, zufolge lag der EU-Durchschnitt im Jahr 2017 in der Gruppe der 20- bis 64-jährigen Erwerbstätigen bei 14,8 % und im Jahr 2018 bei 15,2 %.[8] Arbeit im Homeoffice ist zudem nicht über alle Gruppen von Arbeitnehmerinnen gleich verteilt. Sie ist überdurchschnittlich verbreitet bei Beschäftigten in akademischen Berufen, Führungskräften

---

4   https://news.gallup.com/poll/184649/telecommuting-work-climbs.aspx (10.12.2020).
5   https://www.leadersnet.at/news/42519,so-viele-menschen-arbeiten-in-europa-im-home-office.html (10.12.2020).
6   *Grunau/Ruf/Steffes/Wolter* 2019.
7   https://www.handelsblatt.com/politik/deutschland/studie-Homeoffice-boom-koennte-corona-pande-mie-ueberdauern/26002678.html?ticket=ST-952064-XbrNYyFjPOert56Qy2WQ-ap6 (10.12.2020).
8   *Bonin/Eichhorst/Kaczynska/Kümmerling/Rinne/Scholten/Steffes* 2020, 22.

und generell Beschäftigten der höheren Einkommensklassen.[9] Leider erhebt die Mehrzahl der Befragungen nicht die genaue Intensität bzw Häufigkeit von Homeoffice, sondern fragt nur danach, ob es *vorkommt*, dass die Beschäftigten ihre Arbeit von zu Hause oder einem anderen selbstbestimmten Ort ausüben.[10] Die Zahlen sind also nicht eindeutig zu vergleichen. Zudem kommen jene – seltener durchgeführten – Erhebungen, die neben Arbeit im Homeoffice auch mobile Arbeit, also ortsflexibles Arbeiten, berücksichtigen, regelmäßig zu höheren Anteilen von Beschäftigten. Dies verweist auf den generellen Trend zu räumlich entgrenzter Arbeit. Beschäftigte üben berufsbezogene Tätigkeiten etwa während des Pendelns zur Arbeit am Smartphone oder Laptop aus und arbeiten daher stundenweise und situationsbedingt mobil, während das Arbeiten im Homeoffice eher ganztägig stattfinden dürfte.[11]

Es ist allerdings jedenfalls anzunehmen, dass der Trend zum Homeoffice in vielen Firmen die Covid-Krise überdauern wird. Die Unternehmen haben viel in die dazu notwendige Infrastruktur investiert und teilweise gute Erfahrungen gemacht. In einer Befragung bei rund 7.300 Unternehmen im August 2020 des Münchner Ifo-Instituts erwarten 54 % der Betriebe, dass diese Arbeitsform dauerhaft zunimmt. Die Autorinnen rechnen damit, dass sich in Zukunft vor allem hybride Arbeitsmodelle, also ein Wechsel zwischen Präsenzarbeit und Homeoffice, durchsetzen werden. In einer Befragung von 300 Unternehmen in Österreich erwarten mehr als 80 % dauerhaft mehr Homeoffice im Unternehmen.[12]

Da Homeoffice nur für Tätigkeiten in Frage kommt, die über Informations- und Kommunikationstechnologien ausgetauscht bzw erbracht werden, ist es nicht für alle Tätigkeiten passend; die angeführten Trends werden also nicht weiter so linear steigen, wie in den letzten Jahren. In unterschiedlichen Studien geben um die 60 % der Beschäftigten an, dass mobiles Arbeiten oder Homeoffice bei ihrer Tätigkeit nicht möglich sei.[13] Es gibt wohl eine Art natürliche Grenze, etwa bei Berufen, die engen, persönlichen Face-to-face-Kontakt erfordern. Dass diese Grenze in manchen Fällen aber mehr im Kopf existiert als der Arbeit inhärent ist, hat uns die Covid-Krise gezeigt, in der auch Yogaklassen oder Therapiestunden online durchgeführt wurden.

Bei einer breit angelegten empirischen Erhebung in Deutschland wird insbesondere von Seiten der Betriebe als Hauptargument gegen Homeoffice angeführt, dass es im konkreten Fall die Tätigkeit nicht zulässt. Andere Gegenargumente, wie etwa negative Auswirkungen auf die Zusammenarbeit oder Datenschutzbedenken, sind vergleichsweise sehr gering ausgeprägt. Auch bei Beschäftigten liegt das Argument der Tätigkeit an erster Stelle der Gründe gegen Homeoffice. Hier werden aber auch andere Bedenken relativ hoch ausgeprägt angeführt, etwa Führungskräfte, die Anwesenheit wünschen, oder negative Auswirkungen auf die Zusammenarbeit mit Kollegen.[14]

---

9   *Arntz/Yahmed/Berlingieri* 2019.
10   *Bonin/Eichhorst/Kaczynska/Kümmerling/Rinne/Scholten/Steffes* 2020, 19.
11   *Bonin/Eichhorst/Kaczynska/Kümmerling/Rinne/Scholten/Steffes* 2020.
12   https://www2.deloitte.com/at/de/seiten/human-capital/artikel/flexible-working-studie.html (10.12.2020).
13   *Bonin/Eichhorst/Kaczynska/Kümmerling/Rinne/Scholten/Steffes* 2020, 25.
14   *Grunau/Ruf/Steffes/Wolter* 2019.

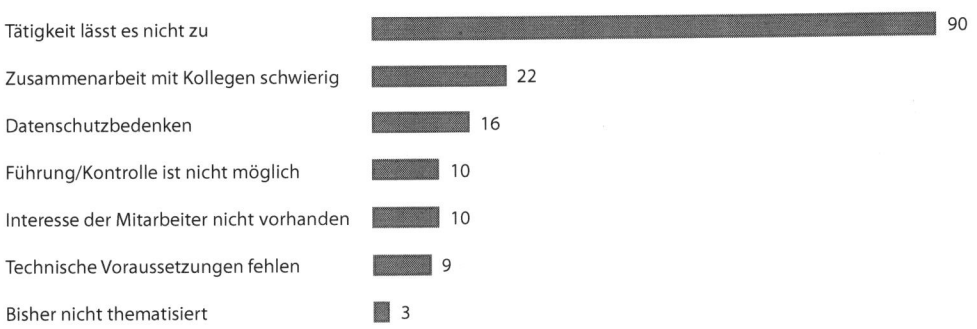

*) Anteil der Betriebe, die kein Homeoffice anbieten bzw Anteil der Beschäftigten, die nie von zu Hause arbeiten, und diesen Bedenken gegen Arbeit von zu Hause zugestimmt haben.

Abb. 1: Gründe gegen Homeoffice aus Sicht von Betrieben. [Quelle: Linked Personnel Panel (LPP)-Betriebsbefragung 2016 (N=513), LPP-Beschäftigtenbefragung 2017 (N=4.830), gewichtete Darstellung. © IAB Abb. 2.1.: Gründe gegen Homeoffice aus Sicht von Betrieben. Quelle Grunau et.al. 2019, S. 6.]

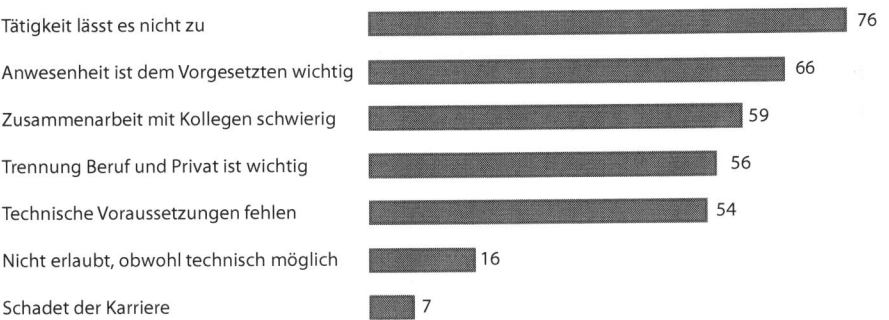

*) Anteil der Betriebe, die kein Homeoffice anbieten, bzw Anteil der Beschäftigten, die nie von zu Hause arbeiten, und diesen Bedenken gegen Arbeit von zu Hause zugestimmt haben.

Abb. 2: Gründe gegen Homeoffice aus Sicht der Beschäftigten. [Quelle: Linked Personnel Panel (LPP)-Betriebsbefragung 2016 (N=513), LPP-Beschäftigtenbefragung 2017 (N=4.830), gewichtete Darstellung. © IAB Abb. 2.2.: Gründe gegen Homeoffice aus Sicht von Beschäftigten. Quelle Grunau et.al. 2019, S. 6.]

Daten der Organisation für wirtschaftliche Zusammenarbeit und Entwicklung (OECD) zeigen, dass insbesondere höherqualifizierte Arbeiten für Homeoffice geeignet sind. Über alle OECD-Länder hinweg verfügen 30 % aller Beschäftigten über Tätigkeitsprofile, die dauerhaft auch im Homeoffice ausgeübt werden könnten. Das Potenzial unterschiedlicher Länder variiert stark, einer Studie der OECD gemäß liegt es in Österreich bei knapp über 30 % und in Deutschland bei ca 35 %.[15] Das österreichische Institut für Wirtschaftsforschung ermittelt das Potenzial für Homeoffice für Österreich auf Grundlage der Tätigkeitsschwerpunkte der unselbstständigen Beschäftigten etwas höher, nämlich bei rund 45 %. Bei Frauen wird dieses Potenzial mit 47 % etwas höher gesehen als bei Männern[16] mit 43 %.

---

15   *Espinoza/Reznikova* 2020.
16   *Bock/Schappelwein* 2020.

Es gibt noch wenige umfassende Prognosen, aber es scheint relativ sicher, dass Homeoffice nicht nur eine Notlösung für die Corona-Krise bleiben wird. Arbeitnehmerinnen wünschen sich die Möglichkeit dazu schon lange. Mit den Erfahrungen der Krise haben sich aber auch die Einstellungen von Unternehmen stark geändert. Eine im Juli 2020 veröffentlichte Befragung von rund 7.300 Unternehmen durch das Münchner Ifo-Institut prognostiziert, dass der Trend zum Homeoffice in vielen Firmen die Corona-Krise überdauern dürfte. 54 % der Betriebe erwarten, dass diese Arbeitsform dauerhaft zunimmt.[17] Angesichts dieser Entwicklung spricht der Unternehmensberater Roach von einer „Revolution", ausgelöst von einer „geänderten Denkweise" in den oberen Führungsetagen. Obwohl dort schon lange Überlegungen zur Zukunft der Arbeit angestellt wurden, habe erst die Corona-Pandemie klargemacht, dass Heimarbeit funktioniert.[18]

Arbeit im Homeoffice wird also wahrscheinlich in Zukunft ein wesentlicher Faktor in vielen Organisationen bleiben. Viele Menschen wünschen sich eine flexible, selbstbestimmte Gestaltung ihrer Arbeit und damit auch die Möglichkeit, auf die Bedingungen unterschiedlicher Lebensphasen einzugehen. Gleichzeitig werden viele Prozesse in Organisationen räumlich und zeitlich entgrenzt, globale Kooperationen oder globale Lieferketten erfordern Flexibilität. Seit langem wird eine wachsende Beschleunigung und Flexibilisierung von Geschäftsabläufen beobachtet, etwa bei der immer kürzer werdenden Zeitspanne zwischen Produktion und Verkauf oder bei Lebenszyklen von Produkten.[19] Diese zunehmend beweglicher oder offener werdenden Verhältnisse werden oft als „VUCA-Welt" bezeichnet. Dies bedeutet, dass die Umwelt von Organisationen durch Volatilität, Unsicherheit, Komplexität und Ambiguität gekennzeichnet ist (Volatility, Uncertainity, Complexity und Ambiguity). Dies bietet neben Herausforderungen für Organisationen, aber auch der betroffenen Menschen auch viele Möglichkeiten. Es erfordert auch mehr Beweglichkeit, rasches Reagieren auf Neues und damit möglicherweise auch die Gestaltung neuer Arbeits- und Kooperationsbeziehungen. Dieser Wandel der Arbeitswelt bringt auch neue Formen des flexiblen Arbeitens mit sich.

Damit wird die Arbeit im Homeoffice möglicherweise zu einem Baustein neuer Formen des Arbeitens und Zusammenarbeitens werden, in agileren, oft auch virtuellen Strukturen, die den Veränderungen in der Umwelt der Organisationen angemessen sind.

2.2. Motivation und Arbeitszufriedenheit

Heimarbeit hat eine deutlich positive Wirkung auf die Motivation, also die Leistungsbereitschaft und Produktivität der Beschäftigten sowie auf die Arbeitszufriedenheit. Dies ergeben Untersuchungen recht einstimmig.

Die Möglichkeit, an einem selbstbestimmten Ort zu arbeiten, geht meist mit einer höheren Arbeitszufriedenheit einher.[20] Umgekehrt weisen Beschäftigte, deren Tätigkeit dies grund-

---

17 https://www.handelsblatt.com/politik/deutschland/studie-Homeoffice-boom-koennte-corona-pande-mie-ueberdauern/26002678.html?ticket=ST-6614497-IXWewUa4hIEQ5JxgxylJ-ap3 (10.12.2020).
18 https://kurier.at/chronik/welt/auch-nach-coronakrise-wird-Homeoffice-zum-alltag-werden/400848692 (10.12.2020).
19 *Patak/Simsa* 2015.
20 *Bonin/Eichhorst/Kaczynska/Kümmerling/Rinne/Scholten/Steffes* 2020.

sätzlich zulassen würde, die gerne im Homeoffice arbeiten würden, dazu aber keine Möglichkeit bekommen, tendenziell eine geringere Arbeitszufriedenheit auf.[21] Besonders hoch ist die Arbeitszufriedenheit allerdings bei jenen Menschen, die nur gelegentlich von zu Hause oder mobil arbeiten.[22] Am größten ist die Arbeitszufriedenheit bei Beschäftigen, die 15 Stunden pro Woche außerhalb des Unternehmens arbeiten, bei mehr Zeit außerhalb des Betriebes steigt die Arbeitszufriedenheit nicht mehr an.[23]

Weiters zeigen Studien deutlich, dass sowohl das subjektive gesundheitliche Wohlbefinden als auch die Arbeitszufriedenheit negativ mit der Länge des Arbeitsweges korrelieren.[24]

Rupietta und *Beckmann* weisen nach, dass MitarbeiterInnen im Homeoffice mehr intrinsisch, also durch die Arbeit selbst, motiviert und auch zu höheren Anstrengungen bereit sind.[25] Sie führen das auf den hohen Grad an Autonomie in der Planung und Organisation der Arbeit zurück. Die positive Auswirkung von Homeoffice auf Motivation und Anstrengung ist umso höher, je öfter Menschen im Homeoffice arbeiten.

Hintergrund dieser erhöhten Motivation ist die Selbstbestimmungstheorie. Ihr zufolge streben Menschen nach Weiterentwicklung, nach Herausforderungen und vor allem auch nach Autonomie.[26] Belohnungen oder Sanktionen sind demnach weniger entscheidend für die Motivation (sie können intrinsische Motivation sogar verringern), als die Erfüllung von drei Grundbedürfnissen:

- Autonomie = die Möglichkeit, das eigene Verhalten steuern zu können
- Kompetenz = die Fähigkeit, Herausforderungen zu bewältigen und dabei zu lernen
- Verbindung (relatedness) = das Gefühl von Zusammengehörigkeit und Integration in eine Gemeinschaft[27]

Vor allem der Wunsch nach Autonomie wird bei Heimarbeit besser erfüllt als bei klassischer Büroarbeit. Es überrascht daher nicht, dass Studien eine höhere Arbeitszufriedenheit bei Heimarbeit feststellen und dies meist durch die damit einhergehende höhere Autonomie begründen.[28]

Trotz Problemen mit der Abgrenzung von Beruf und Privatleben (siehe unten), führt die Möglichkeit zu Arbeit im Homeoffice vor allem auch bei Eltern zu einer höheren Zufriedenheit.[29] *Bonin* ua fassen ihren Überblick zum Thema Vereinbarkeit von Familie und Beruf wie folgt zusammen: „Die existierenden wissenschaftlichen Studien, die die Auswirkungen von Homeoffice und mobiler Arbeit auf die Vereinbarkeit von Beruf und Familie untersuchen, deuten also an, dass die Möglichkeit zum ortsflexiblen Arbeiten generell mit einer besseren Vereinbarkeit von Familie und Beruf und mit einer höheren Zufriedenheit von Eltern einhergeht."[30]

---

21   *Bonin/Eichhorst/Kaczynska/Kümmerling/Rinne/Scholten/Steffes* 2020.
22   *Kelliher/Anderson* 2020, *Stettes* 2016, zit in *Bonin/Eichhorst/Kaczynska/Kümmerling/Rinne/Scholten/Steffes* 2020.
23   *Golden/Veiga* 2005.
24   *Wheatley* 2014.
25   *Rupietta/Beckmann* 2018.
26   Vgl *Ryan/Deci* 2000.
27   Vgl *Pullan* 2016.
28   *Church* 2015; *Reshma/Shailashree/Acharya* 2015.
29   *Wheatley* 2017.
30   *Bonin/Eichhorst/Kaczynska/Kümmerling/Rinne/Scholten/Steffes* 2020, 3.

2.3. Belastungen der Arbeit im Homeoffice für die Beschäftigten

Es gibt aber auch belastende Aspekte der Arbeit im Homeoffice für Mitarbeiter. Die erhöhte Flexibilität wirkt sich auf die Zufriedenheit höchst unterschiedlich aus: Während etwa die Hälfte der Beschäftigten im Homeoffice den Vorteil einer besseren Vereinbarkeit von Beruf und Privatleben erlebt, berichtet die andere Hälfte von Problemen bei der Trennung zwischen diesen beiden Lebensbereichen.[31] Das Verschwimmen der Grenzen zwischen Arbeit und Freizeit bei Arbeit im Homeoffice wird häufig als Problem beschrieben. Wo dies in Konflikten in der Familie bzw einem konflikthaften Zwang zu Entscheidungen zwischen Arbeit und Familienleben resultiert, führt es auch zu einer abnehmenden Zufriedenheit mit der Arbeit.[32] In diesem Zusammenhang ist entscheidend, ob die Arbeit im Homeoffice während herkömmlicher Arbeitszeiten durchgeführt wird oder nicht. Bei Arbeit während der herkömmlichen, klar geregelten Arbeitszeiten gibt es weniger familiäre Konflikte und die Arbeitenden sind tendenziell weniger erschöpft.[33]

Arbeitssoziologisch wird diese Auflösung der Trennung von Beruf und Privatem als „Entgrenzung der Arbeit" bezeichnet. Dieses Verschwimmen von Grenzen zwischen Arbeits- und Freizeit geschieht oft schleichend und kann sehr belastend sein. Es wird nicht nur in Zusammenhang mit Homeoffice zunehmend thematisiert, sondern wird aufgrund der Möglichkeiten, die neue Kommunikationstechnologien bieten, gegenwärtig zum Problem für viele Beschäftigte. Bei Arbeit im Homeoffice ist es aber noch herausfordernder, diese Grenzen zu wahren.

Ein weiterer Aspekt, der die Arbeitszufriedenheit im Homeoffice einschränken kann, ist Technostress. Dieser entsteht durch die Überforderung aufgrund unterschiedlicher Kommunikationstechnologien und Tools. Während man im Büro rasch einmal eine Kollegin fragen kann, wie ein Computerprogramm funktioniert, ist man im Homeoffice diesbezüglich mehr auf sich selbst gestellt. Menschen, die ein geringeres Wissen oder Fähigkeiten im Umgang mit Kommunikationstechnologien haben, erleben dies als Stress, den sogenannten Technostress. Dazu gehört auch das Gefühl, aufgrund der technologischen Möglichkeiten ständig erreichbar sein zu müssen.[34]

Menschen im Homeoffice arbeiten tendenziell mehr Stunden als Menschen im Büro. So gaben befragte Manager an, dass im Homeoffice die Gefahr, durchzuarbeiten und zum Workaholic zu werden, besonders groß ist.[35] Dies bestätigt eine Studie von Church[36], der zufolge Menschen im Homeoffice im Schnitt tatsächlich mehr Stunden als im Büro arbeiten. Begründet wird dies unter anderem dadurch, dass Mitarbeiter hohen Druck verspüren, trotz eingeschränktem Kontakt zu Vorgesetzten ihre Leistung zeigen zu können.[37] *Arntz* ua[38] zeigen anhand von Daten des Deutschen Sozioökonomischen Panels

---

[31] *Grunau/Ruf/Steffes/Wolter* 2019.
[32] *Song/Gao* 2018.
[33] *Golden* 2012.
[34] *Lei/Ngai* 2014.
[35] *Ruppel/Gong/Tworoger* 2013.
[36] *Church* 2015.
[37] *Suh/Lee* 2017.
[38] *Arntz, M./Yahmed, S. B./Berlingieri, F.* (2019). Working from home: Heterogeneous effects on hours worked and wages. ZEW Discussion Paper Nr. 19–015, Mannheim.

(SOEP), dass Männer im Homeoffice im Schnitt um 3,7 Stunden und Frauen im Schnitt um 1,3 Stunden pro Woche länger arbeiten als Männer bzw Frauen ohne Homeoffice.

Bei einer Befragung von 2.046 Personen, von denen 816 im Homeoffice arbeiteten, gaben 60 % der im Homeoffice arbeitenden Eltern an, bei Krankheit der Kinder sicher oder eher zu arbeiten, statt Pflegefreistellung zu nehmen. 56 % der im Homeoffice arbeitenden gaben an, bei Krankheit sicher oder eher von zuhause zu arbeiten, als in Krankenstand zu gehen. Bei der Zustimmung zur Frage nach Arbeit von zuhause statt Pflegefreistellung haben Frauen unter 40 Jahren deutlich höhere Werte als alle anderen Gruppen. Der Frage „Wenn ich krank bin, arbeite ich eher von zuhause aus, als in den Krankenstand zu gehen" stimmten mit insgesamt 61 % vor allem Frauen mit Kind im Haushalt sehr oder eher zu, gefolgt von 58 % Frauen ohne Kind im Haushalt. Die geringste Zustimmung hatte diese Frage mit 51 % bei Männern mit Kind im Haushalt, Männer ohne Kind im Haushalt stimmten zu 55 % sehr oder eher zu. Insgesamt gaben nur 31 % der im Homeoffice arbeitenden an, sehr oder eher auf die Einhaltung von Ruhezeiten zu achten.[39] Auch andere Studien bestätigen, dass Beschäftigte im Homeoffice häufig auch bei Krankheit arbeiten, statt sich krank zu melden.[40]

Studien belegen die Gefahr von erhöhtem Stress und negativen Auswirkungen auf die psychosoziale Gesundheit bei Homeoffice. Neben der häufigeren Arbeit auch bei Krankheit wird dies auf eine höhere Arbeitsintensität zurückgeführt, die starke Nutzung von Informations- und Kommunikationstechnologien und die schwierige Abgrenzung von Privat- und Arbeitsleben.[41]

Generell beurteilen trotz der Probleme sowohl Beschäftigte als auch Betriebe die Arbeit im Homeoffice positiv. Beschäftigte mit der Möglichkeit zur Arbeit im Homeoffice sind tendenziell stärker zufrieden und motiviert. Motivation und Arbeitszufriedenheit führen nicht zwangsläufig zu höherer Produktivität. Dennoch sieht die Wissenschaft intrinsische Motivation als einen der Hauptindikatoren der Arbeitsleistung.[42] Wir wissen auch, dass hohe Arbeitszufriedenheit die Bindung an die Organisation erhöht, wodurch leistungsbereite Mitarbeiterinnen und deren Wissen eher im Unternehmen gehalten werden können.[43] Befunde zur Produktivität im Homeoffice bestätigen dies tendenziell.

2.4. Produktivität bei Arbeit im Homeoffice

Viele Führungskräfte wissen zwar, dass ihre Mitarbeiter sich die Möglichkeit zu Heimarbeit wünschen, befürchten aber, dass die „lange Leine" zu geringerer Leistung führen könnte. Was weiß die Wissenschaft über die Produktivität bei Heimarbeit?

Viele ältere Untersuchungen zeigen einen eindeutigen positiven Zusammenhang zwischen Produktivität und Heimarbeit, dies allerdings auf Basis subjektiver Einschätzungen der befragten Mitarbeiter.[44] Neue Studien kommen unter Zuhilfenahme unterschiedlicher

---

39 *Zeglovits* 2020.
40 *Bonin/Eichhorst/Kaczynska/Kümmerling/Rinne/Scholten/Steffes* 2020.
41 *Suh/Lee* 2017; *Song/Goa* 2018; *Weinert/Maier/Laumer* 2015.
42 zB *Clark/Karau/Michalsin* 2012; *Peeters/van Tuijl/Rutte/Reymen* 2006; *Rothmann/Coetzer* 2003.
43 *Landes/Steiner/Wittmann/Utz* 2020.
44 *Bailyn* 1988; *Bélanger* 1999; *DuBrin* 1991; *Olson* 1989.

Methoden allerdings meist zum gleichen Ergebnis: Arbeit im Homeoffice ist in der Regel produktiver.

Um nicht auf das Gefühl der Mitarbeiterinnen angewiesen zu sein, nützten Forscher zB Daten aus Labor- oder Feldexperimenten, um kausale Effekte abzuschätzen.[45] Sie zeigen einen signifikanten positiven Effekt der Heimarbeit auf die Produktivität der Arbeitnehmerinnen, beziehen sich aber nur auf eine kleine Gruppe von Beschäftigten.

TINYpulse, eine auf Unternehmenskultur und Mitarbeiterengagements spezialisierte Plattform, verglich die Aussagen von über 500 Telearbeitern mit Benchmarks, die aus Aussagen von über 200.000 Beschäftigten berechnet wurden. Laut eigener Einschätzung waren hier 91 % der Fernmitarbeiter außerhalb des Büros produktiver.[46]

Eine Fallstudie in der Unterhaltungselektronik zeigt, dass autonome Entscheidungen über die eigene Arbeitszeit sowohl Fluktuation verringern als auch die Produktivität erhöhen. Hier wurde auf das Prinzip ROWE – Results-Only-Work-Environment – gesetzt. Solange das Ergebnis stimmt, können Mitarbeiterinnen Arbeitszeit und -ort komplett frei wählen.[47]

Eine neuere Untersuchung erhebt empirisch den Effekt von Homeoffice auf die Arbeitsanstrengungen von mehr als 22.000 Personen zwischen 17 und 65 Jahren in unterschiedlichen Branchen auf Basis des Deutschen Sozioökonomischen Panels (SOEP) aus 2009. Sie liefert valide und verallgemeinerbare Ergebnisse.[48] Die Studie zeigt einen statistisch signifikanten, deutlich positiven Effekt von Heimarbeit auf die Arbeitsanstrengungen, der umso höher ist, je mehr Zeit im Homeoffice gearbeitet wird. Mit Hilfe theoretischer Modelle kann auf dieser Basis auch eine höhere Produktivität interpretiert werden.

Eine Erhebung unter Mitarbeitern einer US-Universität zeigt wiederum den Einfluss der Tätigkeit: Bei kreativen Tätigkeiten hatte Heimarbeit die Produktivität erhöht, bei repetitiven Tätigkeiten war das Gegenteil der Fall.[49] Im Gegensatz dazu zeigt eine Erhebung in einer großen chinesischen Reiseagentur, dass auch bei repetitiven Tätigkeiten im Homeoffice effizienter gearbeitet wird. Dabei wurden Call-Center-Mitarbeiter willkürlich in eine Gruppe mit und eine ohne Heimarbeit eingeteilt, wobei die Mitarbeiter im Homeoffice deutlich produktiver waren – hier war die Produktivität einfach über die Anzahl der getätigten Anrufe messbar. Erklärt wurde dies durch die ruhigere Arbeitsatmosphäre sowie geringere Pausenzeiten daheim.[50]

Auch indirekte Ergebnisse belegen höhere Produktivität bei Heimarbeit: Laut einer Studie der Organisation Telework kann ein Unternehmen bereits bei einer Teilzeitarbeit im Homeoffice pro Mitarbeiterin jährlich mehr als 10.000 Dollar einsparen. Dies wird auf die bereits erwähnte gesteigerte Produktivität, geringere Betriebskosten, weniger Krankenstände sowie eine geringere Fluktuation zurückgeführt.[51] Eine Studie von *Church* (2015)

---

45   *Bloom/Liang/Roberts/Zhichun* 2015; *Dutcher* 2012.
46   https://cdn2.hubspot.net/hubfs/443262/pdf/TINYpulse_What_Leaders_Need_to_Know_About_Remote_ Workers.pdf (10.12.2020).
47   *Wüthrich/Osmetz/Kaduk* 2009.
48   *Rupietta/Beckmann* 2018.
49   *Dutcher* 2012.
50   *Bloom/Liang/Roberts/Zhichun* 2015.
51   *Hill/Ferris/Märtinson* 2003; *Rapoza* 2013.

zeigt, dass Arbeitnehmer im Homeoffice in Summe mehr Stunden arbeiten als bei Tätigkeit im Büro.

Interessant sind auch die Ergebnisse einer breiten empirischen Erhebung in Deutschland. Hier wurden Datensätze von über 5.000 Unternehmen und über 1.300 Beschäftigten aus unterschiedlichen Branchen verknüpft, sodass die Betriebs- und die Beschäftigtenperspektive erhoben werden kann. Gefragt nach positiven Erfahrungen mit Homeoffice sagen 56 % der Beschäftigten, dass sie ihre Tätigkeit besser ausüben können, und 38 %, dass längere Arbeitszeiten möglich sind. Aus Sicht der Betriebe ist neben anderen Vorteilen für 45 % eine höhere Produktivität wichtig.[52]

Angaben in Prozent

Abb. 3: Positive Erfahrung von Beschäftigten mit Homeoffice. [Quelle: IAB-Beschäftigtenbefragung 2015 (N=1.327) – gewichtete Darstellung. © IAB 2.3.: Positive Erfahrung von Beschäftigten mit Homeoffice. Quelle Grunau et.al. 2019, S. 4.]

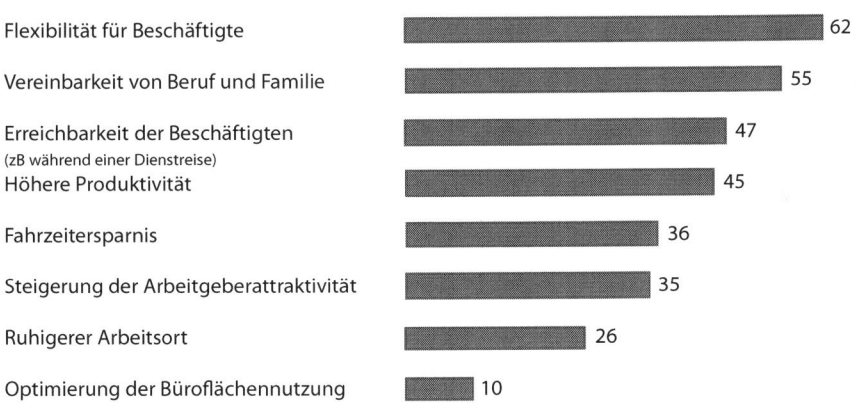

Anmerkungen: Anteil der Betriebe, die diese Gründe für das Angebot von Homeoffice nennen. Angaben in Prozent.

Abb. 4: Positive Erfahrung von Betrieben mit Homeoffice. [Quelle: IAB-Betriebspanel 2018 (N=5.196) und Linked Personnel Panel (LPP) – gewichtete Darstellung. © IAB Abb. 2.4.: Positive Erfahrung von Betrieben mit Homeoffice. Quelle Grunau et.al. 2019, S. 4.]

Es finden sich allerdings auch Belege für geringere Leistungen im Homeoffice: Manche Mitarbeiterinnen erleben die Nutzung verschiedener Technologien als zu schwierig und reagieren emotional negativ darauf. Da zusätzlicher Aufwand notwendig ist, um die eigent-

---

52   *Grunau/Ruf/Steffes/Wolter* 2019.

liche Arbeit zu verrichten, steigt ihre Arbeitsüberlastung, der Technostress, dem sie ausgesetzt sind[53], der zu einer geringeren Arbeitsleistung führen kann.[54]

Generell hängen Motivation, Arbeitszufriedenheit und Produktivität im Homeoffice auch von der Persönlichkeit und Lebenssituation der Mitarbeiter ab, und auch die Tätigkeit hat einen Einfluss. Dennoch ist die Forschungslage in Summe sehr eindeutig: Die Sorge um geringere Arbeitsleistung im Homeoffice ist meist unbegründet.

Zusammenfassend kann festgehalten werden, dass die meisten Personen mehr leisten, wenn sie von daheim arbeiten, und dass sie dabei zufriedener sind. Als Gründe dafür nennt die Forschung neben der hohen Motivation den Wegfall von Unterbrechungen durch Kollegen, die stärkere Konzentration auf die Arbeit, weniger Fehlzeiten und die Einsparung des Arbeitsweges.[55]

Arbeit im Homeoffice stellt jedenfalls erhöhte Anforderungen an die betriebliche Organisation von Arbeit und Zusammenarbeit sowie auch an die Selbstorganisation der Beschäftigten.[56] Um die möglichen Vorteile von Homeoffice nutzen zu können, sollte beides durch gutes Leadership gefördert werden.

2.5. Faktoren, die für das Gelingen von mobiler Arbeit und Homeoffice wesentlich sind

In Zusammenhang mit einer Analyse unterschiedlichster Studien zu den Auswirkungen von Homeoffice und mobiler Arbeit auf die Beschäftigten und die Betriebe, führt eine Expertise im Auftrag des deutschen Bundesministeriums für Arbeit und Soziales die folgenden Faktoren zum Gelingen von mobiler Arbeit und Homeoffice an:[57]

Arbeitszeit	Die Gestaltung und Erfassung der Arbeitszeiten muss geregelt und den Beschäftigten, die im Homeoffice oder mobil arbeiten, bekannt sein.
	Es ist geregelt, an wie vielen Tagen in der Woche und wie lange im Homeoffice oder mobil gearbeitet werden darf (zB maximal zwei Tage in der Woche und/oder nur an festgelegten Wochentagen).
	Es müssen ausreichende Präsenzzeiten der Beschäftigten im Betrieb sichergestellt werden. Die Präsenzzeiten sollten im Vergleich zu den Arbeitszeiten, zu denen Beschäftigte von außerhalb der betrieblichen Einrichtungen arbeiten, überwiegen.
	Die Beschäftigten stimmen sich mit den Vorgesetzten über die Lage der Arbeitszeit und über die Erreichbarkeit während der Arbeit im Homeoffice oder der mobilen Arbeit ab, um die Einhaltung der Ruhezeiten sicherzustellen und zu lange Arbeitszeiten zu vermeiden.

---

53 *Fonner/Roloff* 2010; *Lei/Ngai* 2014.
54 *Lei/Ngai* 2014.
55 *Church* 2015; *Fonner/Roloff* 2010.
56 *Bonin/Eichhorst/Kaczynska/Kümmerling/Rinne/Scholten/Steffes* 2020.
57 *Bonin/Eichhorst/Kaczynska/Kümmerling/Rinne/Scholten/Steffes* 2020.

Arbeits-schutz	Die Einhaltung der bestehenden gesetzlichen Sicherheits- und Gesundheitsrichtlinien ist sichergestellt.
	Es ist geklärt, wer für die ergonomische Einrichtung des Arbeitsplatzes verantwortlich ist und wer für die Kosten aufkommt.
	Die Führungskräfte und Beschäftigten sind über die gesundheitlichen Risiken einer unzureichend ergonomischen Gestaltung des Arbeitsplatzes aufgeklärt sowie über die gesundheitlichen Risiken, die bei der mobilen Arbeit oder der Arbeit im Homeoffice auftreten können.
Technische Voraus-setzungen	Es ist geregelt, welche mobilen Endgeräte, Software und Programme durch den Betrieb für die mobile Arbeit und die Arbeit im Homeoffice zur Verfügung gestellt werden.
	Erforderlich sind technologische Rahmenbedingungen und eine IT-Infrastruktur, die eine effektive und effiziente Zusammenarbeit ermöglichen, wenn Beschäftigte von außerhalb des Büros arbeiten.

Abb. 5: Faktoren, die für das Gelingen von mobiler Arbeit und Homeoffice wesentlich sind. [Quelle: *Bonin, H./Eichhorst, W./Kaczynksa, J./Kümmerling, A./Rinne, U./Scholten, A./Steffes, S.* (2020): Verbreitung und Auswirkungen von mobiler Arbeit und Homeoffice. Kurzexpertise im Auftrag des Bundesministeriums für Arbeit und Soziales, www.bmas.de (abgerufen am 12.01.2021).]

3. Das Führungspuzzle –
Die Aufgabenfelder der Führung

Das Führungspuzzle ist ein Orientierungsrahmen für die unterschiedlichen Aufgabenfelder der Führung. Dieser soll die Aufmerksamkeit auf die vielfältigen Aspekte der Tätigkeit sowie dazu passende Aufgaben und Instrumente lenken. Damit geraten oft vernachlässigte Aufgaben bzw auch Einflussfaktoren stärker in den Blick. Wir stellen das Führungspuzzle im Folgenden noch ohne Bezug auf Homeoffice als Basis für den weiteren Aufbau des Buches vor.

Führen ist eine komplexe und vielschichtige Aufgabe, und in der Regel denkt man dabei zuerst einmal an die direkte Mitarbeiterführung. Die Vielfalt der Herausforderungen sowie auch die Bedeutung des jeweiligen Kontexts, der Situation, werden oft nicht sofort gesehen. Die Aufgabenfelder überlappen, es hat sich aber in unserer Praxis gezeigt, dass es sehr hilfreich ist, sich immer wieder die gesamte „Landkarte" der Führung in Erinnerung zu rufen.

Unser Führungspuzzle[58] clustert die Aufgabenbereiche folgendermaßen:

Im Zentrum finden wir das, was wir als Kern und wesentliches Thema allen Führens sehen, nämlich die Persönlichkeit der Person, die führt. Für diese Person geht es auch darum, sich selbst zu führen. Rund um diesen Kern gruppieren wir die vier Aufgabenfelder der operativen Führung, die den Alltag jeder Führungskraft ausmachen. Es geht dabei um die Mitarbeiterinnenführung, die Gestaltung der Zusammenarbeit, also Teamführung, die Organisationsentwicklung und die Erfüllung von Aufgaben und Zielen. Das Ganze findet im Rahmen eines sechsten Feldes statt, dem strategischen Führungshandeln. Das siebente Feld schließlich verweist auf das jeweils relevante Umfeld, auf den Kontext, in dem Führung stattfindet.

Wir stellen das Modell hier zunächst kurz und ohne direkten Bezug zu Leadership ins Homeoffice vor. Im Folgenden werden wir uns beim Aufbau des Buches über weite Teile daran orientieren. Mit Ausnahme der Bereiche Strategieentwicklung und Umfeldbeobachtung, die sich unter Bedingungen des Homeoffice nicht wesentlich ändern, wird jedem Aufgabenbereich ein Kapitel gewidmet, in dem spezielle Anforderungen und Lösungsansätze in Zusammenhang mit Leadership ins Homeoffice vorgestellt werden.

---

58 *Simsa/Patak* 2016.

Abb. 6: Das Führungspuzzle – die sieben Aufgabenfelder der Führung. [Quelle: *Simsa/Patak* 2016.]

3.1. Sich selbst führen

Ein Teil des Erfolgs vieler Führungskräfte resultiert aus ihrer persönlichen Ausstrahlung, ihrer persönlichen Note und Vertrauenswürdigkeit. Wer andere führt, muss jedenfalls zuerst bei sich selbst beginnen. Nur wer eigenes Verhalten bewusst reflektiert und bereit ist, sich weiterzuentwickeln, kann anderen zum Vorbild werden, kann fair und angemessen mit anderen Personen umgehen und kann die Führungsaufgabe als Dienstleistung an den Menschen und der Organisation sinnvoll gestalten. Führung von Menschen sollte ein hohes Verantwortungsbewusstsein voraussetzen, nimmt sie doch Einfluss auf deren Lebensgestaltung, Arbeitszufriedenheit und letztlich sogar Gesundheit. Nur persönliche Reife kann verhindern, dass eigene Themen und Problematiken unreflektiert auf Mitarbeiterinnen übertragen werden bzw den Umgang mit ihnen störend beeinflussen.

Die Bedeutungszunahme des Themas „Leadership" rückt die Person wieder stärker in den Fokus. Da werden Themen wie persönlicher Mut, Entscheidungsfreude, klare, spürbare eigene Werte und Ziele, eine persönliche Vision wieder als wichtiger eingeschätzt als in den Zeiten der „Management-by …-Theorien". Es geht also weniger um Techniken und Methoden, als vielmehr um Glaubwürdigkeit, Reife und sinnvolle, inspirierende Ziele.

Selbstführung bedeutet auch, den Umgang mit sich selbst auf der körperlichen, der psychischen und der geistigen Ebene zu reflektieren und gesund zu gestalten. Wer nicht auf seine eigene Gesundheit achtet, wird dies auch kaum für seine Mitarbeiter tun können. Jede Führungskraft trägt auch eine Fürsorgepflicht für Mitarbeiterinnen, muss diese also vor Überbelastung, die zur Bedrohung der psychischen und physischen Gesundheit führen kann, schützen.

Sich selbst führen bedeutet auch, die eigene Arbeitsorganisation im Griff zu haben, professionell und mit der nötigen Selbstdisziplin verlässlich und berechenbar zu agieren. Dies gibt Mitarbeitern Sicherheit. Eine Sicherheit, die sie besonders in Zeiten häufiger Veränderungen oder im Rahmen von belastendenden Arbeitssituationen benötigen.

Wichtige Führungsinstrumente in diesem Feld sind persönliche Reflexion, sich Feedback organisieren und es annehmen können, auf Selbsterfahrung und Coaching zu vertrauen, die Entwicklung persönlicher Disziplin und guter persönlicher Arbeitsorganisation.

3.2. Die Mitarbeiter führen

Hier geht es um die Fähigkeit, Menschen einschätzen zu können, mit Menschen umgehen zu können, deren Fähigkeiten und Potenziale, aber auch deren Grenzen zu erkennen, um sie letztlich optimal fördern und auch fordern zu können.

Die Führung der Mitarbeiterinnen beginnt bei deren Auswahl und richtigen Einsatz. Mitarbeiter zu führen bedeutet weiters, die Entwicklung jedes einzelnen aufmerksam zu beobachten, zu thematisieren und mitzusteuern.

Der Kern dieses Aufgabenfeldes liegt also im Fördern und Fordern. Es geht um die gezielte Unterstützung und auch um Reaktionen bzw Sanktionen, wenn Vereinbarungen nicht eingehalten werden.

Es geht damit auch um die Frage, wie weit Menschen im Mittelpunkt stehen bzw wie weit sie Mittel zum Zweck der Organisation sind (Menschen sind Mittelpunkt. Oder: Menschen sind Mittel. „punkt!"). Und hier liegt eine wesentliche Herausforderung: Einerseits geht es darum, Menschen in ihrer Einzigartigkeit zu würdigen, zu unterstützen und auf ihre spezifischen Bedürfnisse einzugehen. Andererseits muss aber auch deutlich gemacht werden, dass eben diese Menschen für die Organisation zuerst einmal Mittel sind, dass diese Instrumentalisierung der Kern des „Arbeitsvertrags" zwischen der Organisation und dem Mitarbeiter ist und es Aufgabe der Führungskraft ist, die Einhaltung dieses Vertrags zu thematisieren und zu überprüfen. Hier haben Führungskräfte mit einem Grundwiderspruch jeder Organisation zu tun: Die Organisation ruft Funktionsträger, bekommt aber Menschen. Dies verantwortungsvoll auszubalancieren ist Aufgabe jeder Führungskraft. Neben Kontrollen und Sanktionen ist daher auch der Schutz der Mitarbeiter wichtig. Führungskräfte haben eine Fürsorgepflicht.

Das wichtigste Führungsinstrument ist in diesem Feld das Mitarbeiterinnengespräch. Darauf aufbauend geht es um Entwicklungs- und Bildungsmaßnahmen, Zielvereinbarungen, Karrierepläne, wie auch die Gestaltung von Sanktionen.

3.3. Die Zusammenarbeit gestalten

Viele exzellente Solisten geben noch lange kein gutes Orchester. Und so stellt sich auch die Frage, wie die Zusammenarbeit am besten zu organisieren ist. Wie gestalte und organisiere ich Meetings und Kooperation? Wie stelle ich Teams zusammen? Auch der Sport zeigt uns in vielen Fällen, dass die zentrale Fähigkeit herausragender Trainerinnen nicht in der Betreuung einzelner Sportler, sondern eben im Aufbau von Spitzenteams liegt.

Im Führungsalltag geht es hier darum, Regeln der Zusammenarbeit zu definieren und gemeinsam deren Einhaltung zu thematisieren. Es geht weiters um die Gestaltung der Kultur: Was gilt als pünktlich, wie geht man mit Fehlern um, wie persönlich können sich Einzelne einbringen, was gilt als unfreundlich, was als angemessen etc? Eine unserer Erfahrung nach zentrale Führungsaufgabe in diesem Feld ist die Organisation von Feedback und Reflexion im Team. Also der Rückmeldung der Mitarbeiterinnen an die Führungskraft und umgekehrt und auch der Mitarbeiter untereinander.

Wenn sich der Fokus meiner Aufmerksamkeit von der Betrachtung der Individuen auf die Betrachtung ihrer Relationen verschiebt, dann komme ich als Führungskraft sehr rasch auf völlig neue Ideen zur Frage, wie man wesentliche Beziehungen zwischen Mitarbeitern im Sinne des Gesamterfolgs optimieren kann.

Führungsinstrumente in diesem Bereich sind beispielsweise die Moderation und Gestaltung von Teamsitzungen, von Reflexion und Feedback im Team, die bewusste Zusammensetzung von Teams nach inhaltlichen und sozialen Kriterien, die Gestaltung der Büroräume, das Design von Telekonferenzen oder Teamevents.

3.4. Aufgaben und Ziele erfüllen

Wenn ich die Erfüllung der Aufgabe in den Mittelpunkt meiner Aufmerksamkeit stelle, taucht zuvorderst die Frage auf, wie ich das Erreichen von Zielen erkenne und messe. Also die goldene Frage: „Woran werden Sie später erkennen, dass Sie gut gearbeitet haben?" Die wesentliche Führungsaufgabe besteht hier also darin, Messgrößen, Kennziffern und Indikatoren zu identifizieren, entsprechende Erfassung zu organisieren und dann regelmäßige Evaluation sicherzustellen.

Relevante Fragen in diesem Aufgabenfeld sind:

- die Definition fachlicher Standards für die Aufgaben der Mitarbeiter
- die Identifizierung wichtiger Kundinnen und Stakeholder (Für wen erbringen wir unsere Leistungen?)
- das Festlegen von Benchmarks (Mit wem vergleichen wir uns worin?)
- die Definition einer Fehlerkultur (Wie ist der Umgang mit Fehlern? Wie gehe ich als Chefin selbst mit eigenen Fehlern um und wie mit jenen meiner Mitarbeiter? Welche Prozesse initiiere ich, um das Erkennen von und das Lernen aus Fehlern zu ermöglichen?)

Führungsinstrumente in diesem Bereich sind die Entwicklung und Definition von Zielen, Kennziffern und Leistungsindikatoren, Evaluation und Fehler-Management und jede Art von Controlling.

3.5. Die Organisation entwickeln

In diesem Feld steht das Erkennen von und das Denken in Strukturen und Prozessen im Vordergrund. Jede Führungskraft steuert und führt nicht nur über direkte Einflussnahme auf Personen, sondern auch über Regeln, Strukturen, Prozessbeschreibungen etc.

Zuvorderst geht es hier darum, eine der Organisation und der Situation angemessene Form zu finden, die Tätigkeitsbereiche jedes Einzelnen zu beschreiben, also das zu definieren, was oft als „AKV" bezeichnet wird: Aufgaben, Kompetenzen und Verantwortungen. In allen Organisationen gibt es hier nur einen schmalen Grat zwischen einem Zuviel – alles wird ins Detail geregelt und die ständigen Regelungen hinken der Praxis immer hinterher – und einem Zuwenig – viele wissen nicht genau, wofür sie zuständig und vor allem nicht, wofür andere zuständig sind.

Mit Blick auf die Organisation als Ganzes geht es um die Gestaltung von Hierarchie und Partizipation, um allgemeine Regeln, Muster der Organisationskultur, organisationale Veränderungsprozesse und auch Ziele bzw den Daseinszweck der Organisation. In diesem Aufgabenfeld sollten sich Führungskräfte auch die Frage stellen, was sie zur Gestaltung dieser Organisationsmerkmale beitragen können, wo und wie sie hier intervenieren können und wie es ihnen gelingen kann, Potenziale ihrer Mitarbeiter gezielt einzusetzen.

Führungsinstrumente sind hier zB die Definition und Vermittlung von Aufgaben, Kompetenzen und Verantwortungsbereichen, das Erstellen von Organigrammen, Maßnahmen des Veränderungsmanagements, die Gestaltung von Leistungsmessungen und Sanktionen, das Einrichten von Strukturen und die Gestaltung von Prozessen.

3.6. Den strategischen Rahmen für Führungsaktivitäten setzen

In diesem Aufgabenfeld steht die grundlegende Orientierung der Organisation bzw der eigenen Abteilung im Vordergrund – die Strategie. Es geht darum, welche Wege die Organisation einschlagen soll, welche Produkte oder Leistungen angeboten werden, für welche Zielgruppen gearbeitet werden soll, was die Besonderheiten des jeweiligen Leistungsangebots sein sollen etc. Genauso wichtig: Ebenso zu definieren, was nicht (mehr) gemacht werden soll, welche Erwartungen an die Organisation nicht berücksichtigt werden sollen, wo Grenzen gesetzt werden.

Diese (gemeinsame) Ausarbeitung und Definition von Leitbildern, Visionen, Strategien, Werten oder dem Purpose der Organisation, die allen Beteiligten im täglichen Handeln klare Orientierung geben, spricht eine indirekte Form der Führung an. Wenn es gelingt, über Leitbilder oder Strategien eine klare Richtung vorzugeben, wird viel operative Führung im Einzelnen (Mikromanagement) obsolet.

Führungsinstrumente in diesem Bereich sind Strategieworkshops, strategische Pläne, die Gestaltung von Prozessen der Leitbildentwicklung, das Visualisieren von Leitbildern, Mission Statements oder Visionen.

3.7. Das Umfeld beobachten, relevante Trends erkennen, Rahmenbedingungen wahrnehmen und deren Bedeutung für den eigenen Verantwortungsbereich einschätzen

Zu guter Letzt muss jede Führungskraft in der Lage sein, das relevante Umfeld zu beobachten und zu interpretieren, all das herauszufiltern, was für den eigenen Verantwortungsbereich von Bedeutung ist oder sein könnte, und es auf passende Weise in der Organisation zu nutzen. Führungsaufgabe ist damit auch die Beobachtung und Interpretation von vielfältigsten Themen, etwa den folgenden:

- der Personalmarkt und seine Veränderungen
- relevante technologische Entwicklungen
- demografische Trends
- Trends in den Lebensgewohnheiten
- andere gesellschaftliche Entwicklungen, wie zB Individualisierung, Flexibilisierung, Krisen und deren Auswirkungen
- Entwicklungen im relevanten Umfeld, etwa beim Mitbewerb

Je mehr es gelingt, sich von operativen Aufgaben freizuspielen und vielleicht auch manch strategische Aufgabe zu delegieren, desto intensiver kann eine Führungskraft sich dieser Beobachtungs- und Interpretationsaufgabe widmen. Jede Führungskraft ist hier also gefordert, sich ihre eigene „Landkarte" zu erstellen und für sich und ihren Job zu definieren, welche Themen, welche Informationen sie regelmäßig erfassen sollte.

Ein Führungsinstrument könnte somit die Erstellung eines eigenen „Radars" oder „Cockpits" mit den relevanten Umweltfaktoren sein, weiters aber auch einfach der regelmäßige Blick über den Tellerrand in Form des Lesens von Literatur, wissenschaftlichen Analysen oder sonstigen Publikationen über relevante gesellschaftliche Entwicklungen.

4. Selbstführung im Homeoffice

Dieses Kapitel beschäftigt sich mit der Organisation des eigenen Arbeitstages im Homeoffice. Das Kapitel richtet sich daher zum einen an Führungskräfte, die selbst im Homeoffice sind oder ihre im Homeoffice arbeitenden Mitarbeiter in Bezug auf Selbstführung coachen wollen. Zum anderen richtet es sich auch direkt an Mitarbeiter. Selbstführung im Homeoffice ist für die meisten Menschen herausfordernd. Da Empfehlungen hierzu keiner logischen Ordnung folgen und es auch wenig allgemein Gültiges gibt, wollen wir im Folgenden Anregungen entlang des Alphabets geben – des Alphabets der Selbstführung. Wir empfehlen, diese Anregungen je nach Situation und Persönlichkeit zu nutzen.

Wer andere führt, muss zunächst bei sich selbst beginnen, will man doch mit der eigenen Ausstrahlung überzeugen, Vorbild sein oder auch andere in schwierigen Situationen mitreißen. Die passende Gestaltung der Arbeit im Homeoffice ist allerdings herausfordernd. Viele Menschen berichten, dass sich hier leichter ungesunde Gewohnheiten einschleichen und dass Homeoffice trotz der größeren Freiheit und der eingesparten Wegzeiten rasch zu verstärktem Stress führt. Unterschiedliche Lebensbereiche fließen in oft unangenehmer Weise ineinander, die Arbeit ist entgrenzt, und am Ende bleibt noch weniger Freizeit über als bei Arbeit im Büro. Manche haben das Gefühl, ihr Leben, ihre Tage würden ohne Struktur dahinfließen. Dies betrifft Führungskräfte wie auch Mitarbeiterinnen. Dieses Kapitel ist daher für Führungskräfte in ihrer eigenen Arbeitsorganisation bzw Selbstführung gedacht und als Unterstützung für den Teil der Führungsrolle, in der es um Coaching und Unterstützung der Mitarbeiterinnen geht. Dieses Kapitel richtet sich aber auch in vielen Teilen direkt an Mitarbeiter.

4.1. Das ABC der Selbstführung

Im Homeoffice fällt viel an Kontrolle und Disziplinierung durch andere weg. Man wird nicht gesehen, die Aktivierung des Arbeitsweges, der doch in der Regel auch Frischluft und Bewegung mit sich bringt, entfällt, die Verführung bzw Pflicht, schnell auch zwischendurch Hausarbeit zu verrichten, ist groß und die Anwesenheit von Familienmitgliedern oder Mitbewohnern ist der Konzentration nicht förderlich. Dass die Arbeitszeiten flexibel sind, wird zwar von den meisten als Vorteil empfunden, es erschwert allerdings die Abgrenzung. Erfolgreiche Lösungsmuster und Umgangsformen sind hier sehr verschieden.

Generell gilt die Devise: Disziplin, Reflexion und Routinen. Disziplin verweist vor allem auf die im Homeoffice stärker notwendige Selbst-Disziplinierung. Reflexion meint, regelmäßig einen kurzen Blick auf den Umgang mit sich selbst bzw die Gestaltung der Arbeit zu werfen und zu überprüfen, ob beides adäquat ist bzw es gegebenenfalls zu verändern. Routinen, also automatisierte Handlungsabläufe, sind bei einer gesunden und effektiven Gestaltung der Arbeitssituation im Homeoffice besonders wichtig, da äußere Routinen weniger stark ausgeprägt sind.

Nachdem Lebenssituationen und Persönlichkeiten sehr verschieden sind und die Empfehlungen zur Selbstführung keiner logischen Ordnung folgen, stellen wir Anregungen im Folgenden in Form einer alphabetischen Auflistung vor und empfehlen, diese nach Belieben zu nutzen.

Ablenkungen einschränken

Ablenkungen finden wir überall vor. Die Ablenkungen, denen wir in unserem Arbeitsalltag im Büro ausgesetzt sind, kennen viele gut und haben gelernt, damit umzugehen. Die Ablenkungen im Homeoffice sind für viele neu und es muss erst ein Umgang mit ihnen gefunden werden. Bereits Ablenkungen von wenigen Sekunden können die Konzentration für längere Zeitspannen stören. Eine von *Agrawal, Sahana* und *Rahul* (2017) erwähnte Studie zeigt, dass es nach einer Unterbrechung 23 Minuten dauert, bis man wieder voll konzentriert auf seine ursprüngliche Arbeit ist. Hierfür reicht schon die Wahrnehmung einer einzigen Nachricht oder das Lesen von ein paar Zeilen eines Artikels aus.[59] Im Homeoffice gilt daher besonders:

- Reflektieren Sie regelmäßig Störungen und bemühen Sie sich darum, diese Schritt für Schritt zu mindern.
- Prüfen Sie, ob es die Arbeit zulässt, das Mobiltelefon oder das Mailprogramm zeitweise auszuschalten.
- Besprechen Sie mit allen Mitbewohnerinnen, wann Sie Ruhe brauchen und wie sich diese organisieren lässt.

Bewegung

Bewegung ist essenziell für den Körper, aber auch für unser psychisches und seelisches Wohlbefinden. Sie hilft auch bei der Konzentration. Im Homeoffice fällt so manche im Büro erzwungene Bewegung weg, der Weg vom Bett zum Schreibtisch ist kurz. Wir empfehlen:

- Spaziergang oder kurze Körperübungen vor dem Arbeitsbeginn (ein Interviewpartner berichtete uns, dass er die Länge seines Arbeitsweges, den er bislang zu Fuß ging, errechnet hat. Während des Lockdowns hat er einen attraktiveren Weg gleicher Länge gesucht und ist diesen jeweils vor und nach dem Homeoffice abgegangen).
- Spaziergang um den Häuserblock während eines beruflichen Telefonats (notfalls kleinen Notizblock mitnehmen).
- Zwischendurch kurze Bewegungssequenzen, zum Beispiel unter Zuhilfenahme von Online-Klassen – es findet sich für jeden Fitnessgrad, für jede Zeiteinheit und für jede Vorliebe, etwa Yoga, Planking, Pilates oder Krafttraining, eine Fülle von Material im Netz.
- Nutzung der durch den Arbeitsweg entfallenen Zeit für Laufen, Gehen oder andere Bewegung in der Pause.
- Animieren Sie sich und andere während längerer Meetings zu Bewegung. Setzen Sie konsequent kurze Pausen an und sprechen Sie aus, dass Sie jetzt ein wenig Bewegung brauchen.

Chancen nutzen

Arbeit aus dem Homeoffice bringt für jeden und für jede Tätigkeit Vor- und Nachteile mit sich. Wir empfehlen, dies explizit zu reflektieren. Erstellen Sie Ihre eigene Liste: Welche Chancen bietet mir das Homeoffice (welche beobachte und bemerke ich, welche

---

59   *Agrawal/Sahana/Rahul* 2017.

stellen sich täglich ein, aber auch: welche entstehen „theoretisch")? Welche Risiken oder auch Nachteile entstehen im Homeoffice? Was will und kann ich konkret tun, um die Chancen zu nützen und die Risiken zu minimieren? Und dann tauschen Sie sich mit Kolleginnen in ähnlichen Situationen darüber aus.

Drei mal drei

Die 3-mal-3-Listen sind ein Tipp aus der Getting-Things-Done-Schule.[60] Erstellen Sie jeden Abend genau drei Listen mit exakt drei Punkten. Auf der ersten stehen jene drei Prioritäten, die Sie am kommenden Tag jedenfalls erledigen müssen. Auf der zweiten stehen jene Themen oder Projekte, die Sie gerne erledigen wollen, die aber durchaus noch nicht zeitkritisch sind. Auf der dritten Liste stehen Aufgaben, die bald einmal in Angriff genommen werden sollten.

Ende

Hören Sie auf, wenn Sie fertig sind. Machen Sie echten Feierabend. Räumen Sie den Schreibtisch auf, schalten Sie die Geräte aus und machen Sie Schluss. Und bleiben Sie konsequent dabei, auch wenn Ihnen vielleicht aufs Erste gerade nichts Besseres einfällt.

Familie

Homeoffice hat familienfreundliche Aspekte. Aber nicht nur – oft ist es für Kinder weniger leicht zu akzeptieren, dass Eltern nicht zur Verfügung stehen, wenn sie im Homeoffice präsent sind, als wenn sie im Büro wären. Bezeichnend dafür ist der Spruch, dass, wer glaubt, dass Homeoffice gut mit Kinderbetreuung vereinbar wäre, weder Kinderbetreuung noch Homeoffice verstanden hätte. Wir wollen nichts beschönigen, einfache Lösungen gibt es hier nicht. Unsere Tipps:

- Finden Sie äußere, klar erkennbare Signale, dass Sie gerade nicht ansprechbar sind (Das kleine Kind einer Interviewpartnerin etwa hatte gelernt, dass die Mutter nicht wirklich anwesend ist, wenn sie Kopfhörer im Ohr hat – die Mutter nutzt dies nun fallweise auch dann, wenn sie den Kopfhörer gerade nicht braucht, aber einen ruhigen Moment sucht).
- Nutzen Sie Betreuung so, als ob Sie im Büro wären (Seminarteilnehmer haben berichtet, dass ihnen dies im Homeoffice deutlich schwerer fällt, da sie ja ohnehin „da wären"). Die Großeltern oder Babysitter freuen sich möglicherweise darüber.
- Nehmen Sie sich einmal pro Woche ein paar Minuten Zeit und besprechen Sie mit allen Mitbewohnern – gleich welchen Alters –, was gut und was weniger gut klappt im täglichen Homeoffice-Alltag.

Gerüche

Experimentieren Sie mit Gerüchen. Im Homeoffice gibt es meist deutlich weniger Menschen, mit denen Sie hier Übereinstimmung finden müssen. Gerüche und Düfte wirken direkt auf unser Gehirn, noch bevor wir sie überhaupt bewusst wahrnehmen. Testen Sie doch die Wirkung verschiedener Gerüche auf Ihre Arbeitsfähigkeit und Ihr Wohlbefin-

---

60   *Allen* 2015.

den. Investieren Sie in ein paar Duftkerzen, Stäbchen, Flüssigkeiten und beobachten Sie neugierig, was diese bei Ihnen bewirken.

Hausarbeit

Manche Personen machen Hausarbeit zwischendurch und empfinden das als Erholung, manche schlittern in eine für sie nicht passende Vermischung der Bereiche. Ein Seminarteilnehmer erzählte, dass Einkaufen zwischendurch für ihn eine angenehme Abwechslung sei, ein anderer war nach einigen Monaten Homeoffice völlig erschöpft, da seine Mitbewohner und er selbst sich regelmäßig die Arbeitspausen mit Hausarbeit gefüllt hatten, nach dem Motto: „Du bist ohnehin gerade zu Hause und hast Zeit." Wichtig ist, dass Sie mit sich selbst und Ihren Mitbewohnern klare, für alle passende Spielregeln ausmachen.

Informationsüberflutung

Durch die Vielzahl an Kommunikationsmitteln sind wir stets mit einer Vielzahl an Informationen konfrontiert. Die Fähigkeit vieler Personen, all diese Informationen zu verarbeiten, wird überschritten. Informationsüberfluss und digitale Ablenkungen sind ein wichtiger Stressfaktor. Menschen fällt es zunehmend schwer, sich auf eine Aufgabe zu fokussieren, ohne ihre elektronischen Geräte nach Neuigkeiten abzusuchen[61] oder Cyberloafing zu betreiben, also das Internet während der Arbeitszeit für private Zwecke zu nutzen. Untersuchungen zeigen, dass Informationsüberflutung und Cyberloafing im Homeoffice besonders leicht passieren.[62] Vieles davon ist persönlich verlorene Zeit – tun Sie sich das nicht an.

Ja sagen

Wir wissen nicht, warum Sie im Homeoffice arbeiten und wieviel Zeit Sie dort verbringen. Wir wissen aber, dass es hilfreich ist, Wege zu suchen, um das zu bejahen, was ist. Erstellen Sie Ihre persönliche Liste der Vor- und Nachteile des Homeoffice. Was will und kann ich konkret tun, um die Chancen zu nützen und die Risiken zu minimieren? Prüfen Sie, was Sie ändern können und mögen.

Und dann sagen Sie ganz bewusst Ja zu dem, was nun bleibt. Der Psychologe *Jens Corssen* bringt es auf den Punkt: „Was ist, ist. Und wie ich es beurteile, bestimmt mein Erleben und Verhalten. Glücklich lebt, wer liebt, was ist." (*Jens Corssen*, Der Selbstentwickler). Es geht nicht darum, mit allem zufrieden zu sein, was einem das Leben so präsentiert, sondern darum, nicht Energie zu verlieren, indem man über eine ungünstige Situation klagt. Die dadurch gesparte Energie kann man nutzen, um zu angestrebten Veränderungen beizutragen.

Konzentration

Fokussieren Sie sich darauf, nur eine Sache nach der anderen zu erledigen. Das Homeoffice bietet weit mehr Chancen als das Büro, sich in Ruhe auf einzelne Agenden zu konzentrieren. Nur stellt sich diese Chance nicht von selbst ein, sie muss auch organisiert

---

61   *Agrawal/Sahana/Rahul* 2017.
62   *Lei/Ngai* 2014; *Ayyagari* 2012.

und „erkämpft" werden. Multitasking funktioniert nicht. Laut *Addas* und *Pinsonneault* [63] werden Personen durchschnittlich vier Mal pro Stunde bei der Arbeit unterbrochen. Wir halten das noch für untertrieben.

Finden Sie Ihren persönlichen Weg, Schritt für Schritt zu ungestörten und fokussierten Zeiteinheiten zu gelangen. Oft helfen hier To-do-Listen, technische Maßnahmen (E-Mail-Benachrichtigung ausschalten, Handy auf lautlos und weglegen ...) und regelmäßige Vereinbarungen mit Mitbewohnerinnen.

Lernen

Bilden Sie sich regelmäßig weiter. Homeoffice birgt die Gefahr des Stillstands der eigenen Weiterentwicklung. Viele kleine Anstöße oder Anregungen, die der Büroalltag mit sich bringt, fallen weg und wir sind froh, wenn abends das Tagwerk erledigt ist. Achten Sie besonders in Zeiten von intensivem Homeoffice darauf, nicht in diese Falle zu tappen. Lesen Sie Bücher, buchen Sie Weiterbildungen, stoßen Sie gerade in Zeiten von großem Stress durchaus neue Projekte der persönlichen Weiterentwicklung an.

Mittagessen

Die Versuchung im Heimbüro ist groß, den Hunger mit ein paar schnellen Snacks nebenbei zu besänftigen und durchzuarbeiten. Das ist ungesund, fördert Stress und Vereinsamung. Nutzen Sie Mittagspausen bewusst und konsequent für persönliche Kontakte und Netzwerken und finden Sie ein für sich passendes Ritual der Zubereitung und Einnahme eines Mittagessens, wenn Sie einmal nicht hinauskommen.

Nähe

Homeoffice bringt Distanz mit sich. Viele kleine tägliche Begegnungen fallen weg. Je mehr Zeit wir im Homeoffice verbringen, desto mehr sollten wir uns darum kümmern, ausreichend persönliche Nähe herzustellen. Was in vielen Büros ungeplant und damit „automatisch" passiert, will im Homeoffice geplant und organisiert werden. Reflektieren Sie regelmäßig, zu wem Sie in nächster Zeit welche Form persönlicher Nähe und Begegnung herstellen wollen, und leiten Sie das gleich in die Wege.

Outfit

Die Verlockung, es im Homeoffice ein wenig lockerer anzugehen, was Kleidung, Rasur, Frisur, Schminken etc betrifft, ist groß. Viele Menschen berichten darüber, welch großen Unterschied es für sie und ihr persönliches Erleben macht, sich zu Beginn eines Arbeitstages in Arbeitskleidung zu begeben. Für manche sind es die Schuhe, für andere das Hemd oder die Hose, die den entscheidenden Unterschied machen. Wer als Führungskraft seine Vorbildwirkung ernst nimmt, beschäftigt sich zum einen konsequent damit, welches Bild er in Videokonferenzen abgibt. Wie ist die optimale Beleuchtung? Welcher Bildschirmhintergrund passt wirklich? Und eben auch: Welche Kleidung wirkt wie am Bildschirm? Zum anderen beschäftigt sie sich auch damit, was welches Outfit bei ihr selbst auslöst.

---

63   *Addas/Pinsonneault* 2018.

Pausen

Unserer Erfahrung nach ist das Fehlen von Pausen eines der größten Probleme im Homeoffice. Schnell einmal die Wäsche aufhängen kann für manche eine akzeptable Pausengestaltung sein, für viele aber auch nicht. Die Empfehlungen dazu sind theoretisch einfach, in der praktischen Umsetzung sind sie es nicht immer:

- Pausen müssen Pausen sein!
- Überlegen Sie, was für Sie ganz persönlich befriedigende Pausen sind, und tun Sie das dann konsequent. Einen anderen Weg gibt es nicht.
- Beobachten Sie sich selbst, welche Pausenqualität bei Ihnen was bewirkt. Wie reagieren Sie auf kleine, kurze Pausen zu zwei bis drei Minuten? Wie auf 30 Minuten?
- Legen Sie sich kleine Gewohnheiten zurecht – wir wissen ja, dass Raucher das recht gut können –, aber es sollte auch ohne Nikotingenuss machbar sein.

Qualität der Arbeitsplätze

Zunächst bemühen Sie sich darum, in Ihrem Heim einen möglichst ruhigen, technisch und ergonomisch gut ausgestatteten Arbeitsplatz einzurichten. Aber deswegen, weil Sie von daheim arbeiten können, muss sich Ihr Arbeitsplatz nicht unbedingt ausschließlich in Ihren eigenen vier Wänden befinden. Prüfen Sie Optionen von Bürogemeinschaften, also Shared-Office-Angebote, in Ihrer Umgebung. Viele verlegen ihren Arbeitsplatz für einige Stunden in ein passendes Café oder für ruhige Stunden in eine Bibliothek. Seien Sie kreativ, bemühen Sie sich um regelmäßige Abwechslung, testen Sie immer wieder neue Orte und werten Sie aus, wann Sie was von wo besonders gut erledigen können.

Reflexion

Wir sehen in Reflexion ein Kernelement der Selbstführung. Gute und erfolgreiche Führungskräfte finden Formen und Plätze für regelmäßige Reflexion der eigenen Tätigkeit und sorgen dafür, dass es Menschen gibt, die ihnen offenes und klares Feedback geben. Homeoffice bietet die Chance, vieles, was wir im Arbeitsalltag bereits tun, in kleineren Portionen und dafür häufiger zu tun, weil Nebenzeiten wegfallen. Um mich mit meinen drei Mitarbeitern kurz über den Tag abzustimmen, muss niemand irgendwohin, sondern alle sind „nur einen Klick" entfernt. Versuchen Sie bewusst, ihre Termine der Woche durchzugehen, und fragen Sie sich, wo und mit wem es Reflexion bräuchte und wie Sie dafür Sorge tragen können, dass diese auch tatsächlich geschieht (zB statt [oder zusätzlich zum] dem jährlichen Mitarbeiterinnengespräch die zehnminütige Reflexion des Monats).

Struktur

So sehr viele Menschen unter vorgegebenen Zeitrhythmen und Korsetten leiden, so rasch merken sie, wenn diese fehlen, wie hilfreich und notwendig Strukturen sein können. Eine der meistgehörten Empfehlungen für Homeoffice lautet: Planen Sie fixe Arbeitszeiten und fixe Pausen! Suchen Sie eine für Sie passende und mit den Anforderungen Ihrer Arbeit kompatible tägliche Routine. Manchen Menschen hilft es, wenn sie bestimmten Wochentagen spezielle Aufgaben zuweisen. ZB: Am Dienstag immer die Anrufe bei Kundinnen, jeden Freitag eine kurze Evaluation im Wochenrückblick.

Typ

Jeder Mensch hat individuelle Leistungsphasen und diese schwanken im Laufe eines Tages beträchtlich. Vor allem unterscheiden sich hier die „Lerchen" (Frühaufsteher) und die „Eulen" (Langschläfer). Wer seinen eigenen Typ kennt und dies im Alltag mehr berücksichtigt, kann seine Leistung, Kreativität und Produktivität hochhalten.

Unkomplizierte Lösungen

Das Buch „Einfach managen" argumentiert, dass Manager, die Komplexität erkennen und verringern, erfolgreicher sind, weil sie schneller und sicherer entscheiden.[64] Es empfiehlt Klarheit, Mut und gesunden Menschenverstand ohne Hang zum Perfektionismus. Wir teilen das. Reduktion auf das Wichtige, Einfachheit und unkomplizierte Lösungen erfordern Mut und persönliche Klarheit. Sie helfen nicht nur, den eigenen Arbeitsalltag im Homeoffice gut zu gestalten, sondern geben auch den Mitarbeiterinnen Orientierung.

Gerade das Homeoffice bietet die Chance, persönlich zu prüfen: Welche Tätigkeiten erledige ich in welcher Gründlichkeit? Was wird von mir tatsächlich verlangt und wo könnte ich meinen Perfektionsanspruch testweise einmal zurückschrauben?

Vorbildwirkung

Wenn Sie als Führungskraft einen gesunden, abgegrenzten und reflektierten Lebens- und Arbeitsstil vorleben, dann erleichtern Sie das damit auch Ihren Mitarbeitern. Zeigen Sie Ihrem Team Ihren Homeoffice-Arbeitsplatz. Gehen Sie mit der Kamera herum und erklären Sie, was Sie wie eingerichtet haben. Nach dieser Runde fordern Sie alle Teammitglieder auf, das ebenso zu tun – am besten nicht sofort, aber in nächster Zeit. Sie haben als Führungskraft nicht nur das Recht, sondern sogar die Pflicht, sich ein Bild zu machen, wie sich Ihre Mitarbeiter in ihrem Homeoffice eingerichtet und organisiert haben, und Sie sollten dafür Sorge tragen, dass dies im Team kein Tabu wird, sondern besprechbar bleibt.

Work-Life-Balance

Chancen auf besser gelingende Work-Life-Balance werden oft als Vorteil des Homeoffice genannt, wissenschaftliche Arbeiten betonen aber eher Risiken. Die erhöhte Flexibilität ist ein zweischneidiges Schwert: Während die Hälfte der Beschäftigten mit Homeoffice dank dieser Flexibilität eine bessere Vereinbarkeit von Beruf und Privatleben sieht, berichten beinahe ebenso viele von Problemen bei der Trennung zwischen beidem.[65] Homeoffice zeichnet sich durch die ständige Sichtbarkeit und Verfügbarkeit der Arbeitsmaterialien sowie der erschwerten Trennung beruflicher und privater Räumlichkeiten aus, was oftmals zu mehr Arbeitsstunden führt und sich folglich negativ auf die Work-Life-Balance auswirken kann.[66]

In einer Studie von *Ruppel, Gong* und *Tworoger*[67] geben befragte Manager an, dass im Homeoffice die Gefahr, zum Workaholic zu mutieren, groß und das Abschalten nahezu unmöglich ist.

---

64   *Brandes* 2013.
65   *Grunau/Ruf/Steffes/Wolter* 2019.
66   *Basile/ Beauregard* 2016.
67   *Ruppel/Gong/Tworoger* 2013.

Wir empfehlen immer wieder, sehr penibel die Zeit zu notieren, die Sie arbeiten. Das Gefühl und die Realität klaffen da oft weit auseinander. Machen Sie also für sich transparent, wie viele Stunden Sie tatsächlich arbeiten.

X-beliebige Kontakte organisieren

Wer ins Büro geht, hat täglich viele zufällige Begegnungen. Diese gibt es im Homeoffice nicht oder kaum, hier fehlt das Ungeplante, Überraschende. Eine Idee wäre, einmal pro Woche nach Zufall einen x-beliebigen Kontakt aus der eigenen Kontaktliste auszuwählen und diese Person zu kontaktieren.

Yoga und andere Formen der Entspannung und Bewegung

Homeoffice führt in allen Fällen zu einer Zunahme der sitzenden Arbeit am Bildschirm. Alle Bewegungsschulen bieten mittlerweile Anleitungen für kleine und hilfreiche Bewegung und Entspannung im Sitzen oder für kurze Pausen. Ob Sie Ihren Weg im Yoga, im Fitnessratgeber, in der Rückenschule, im Chi Gong oder anderswo finden – machen Sie sich auf die Suche nach kleinen Bewegungseinheiten, die Sie gut und gerne in Ihren Arbeitsalltag einbauen können.

Ziele

Definieren Sie in regelmäßigen Rhythmen Ziele für sich. Gerade im Homeoffice ist die Gefahr des „vor sich hin Wurstelns" sehr groß. Viele berichten von Arbeit ohne jede Unterbrechung über den gesamten Tag hinweg und danach am Abend dem Gefühl, nicht wirklich was weitergebracht zu haben. Voraussetzung für gute und adäquate Zielvereinbarungen mit Ihren Mitarbeiterinnen ist, zunächst die eigene Planung und Zielerreichung im Auge zu behalten.

4.2. Tipps für einen gesunden Arbeitsplatz – Ergonomie im Homeoffice

Wir verbringen sehr viel Zeit am Arbeitsplatz. Wenn dieser ungenügend eingerichtet ist, dann kann dies problematische Auswirkungen auf unsere Gesundheit haben. Diese entstehen oft schleichend und unbemerkt, sind aber dann langfristig schwer wieder zu heilen. So kann mangelnde Ruhe im Arbeitsbereich zu Kopfschmerzen und auf Dauer sogar zu Schwerhörigkeit führen, falsche Büromöbel zu Bandscheibenvorfällen oder anderen Rückenproblemen, falsche Beleuchtung oder schon ein falsch aufgestellter Monitor zu Augenproblemen.[68] Das Ziel einer ergonomischen Arbeitsplatzgestaltung ist es, eine Körperhaltung zu erreichen, die die Gelenke entlastet und Verspannungen vorbeugen soll. Weiters sollen die Lichtverhältnisse so gestaltet sein, dass die Augen möglichst wenig belastet werden.

Im Folgenden stellen wir dazu einige Richtlinien und Empfehlungen vor. Diese sind zum einen für die Gestaltung des eigenen Arbeitsplatzes gedacht. Zum anderen liegt es aber auch in der Verantwortung der Führungskraft, die Mitarbeiter bei einer möglichst gesund-

---

68   https://www.gesundheit.de/fitness/arbeit-beruf/ergonomischer-arbeitsplatz/ergonomie-Homeoffice (13.01.2021).

heitsförderlichen Gestaltung des Arbeitsplatzes zu unterstützen. Quellen der folgenden Empfehlungen sind, wo nicht anders angegeben, der Leitfaden des österreichischen Ministeriums für Arbeit, Familie und Jugend (Stand Jänner 2021)[69] und Empfehlungen von gesundheit.de, eines unabhängigen Gesundheitsportals der Funke-Mediengruppe.[70]

Arbeitsumgebung

- Der Raum, der als Büro genutzt wird, sollte mindestens acht bis zehn Quadratmeter groß sein und die Raumhöhe mindestens 2,5 m aufweisen.
- Die Bewegungsfläche an der Sesselseite sollte etwa 1,5 m mal 1,0 m betragen.
- Eine Raumtemperatur von 18 bis 24 Grad ist optimal. Kühlere Temperaturen erschweren das Tippen und Schreiben. Wärmere Temperaturen können zu Kopfschmerzen, Schwindel und Kreislaufproblemen führen. Die Raumtemperatur, bei der sich Menschen wohl fühlen, schwankt individuell beträchtlich. Homeoffice bietet im Unterschied zum Büro hier deutlich häufiger die Möglichkeit, den eigenen Bedürfnissen nachzukommen.
- Die Luftfeuchtigkeit sollte etwa 50 Prozent betragen. Dies beugt allergischen Reaktionen (etwa auf Pollen oder Hausstaub) und Reizhusten vor.
- Raumtemperatur und Luftfeuchtigkeit sollten über den Tag hinweg möglichst konstant bleiben.
- Pflanzen verbessern das Wohlbefinden und verstoffwechseln Kohlenstoffdioxid zu Sauerstoff.
- Wichtig ist eine ruhige Atmosphäre, die konzentriertes Arbeiten ermöglicht.

Lichtverhältnisse

- Der Schreibtisch sollte in der Nähe eines Fensters stehen, sodass Tageslicht ausgenutzt werden kann.
- Schreibtisch und Bildschirm sollten möglichst im rechten Winkel zu den Fenstern aufgestellt werden, um Reflexionen und Blendungen zu vermeiden.
- Künstliches Licht sollte hell genug sein. Der Richtwert sind 500 bis 1.500 Lux (Lux ist die Maßeinheit für die Ausleuchtung pro Quadratmeter).
- Das Licht sollte schräg seitlich einfallen.
- Die Lichtfarbe ist grundsätzlich abhängig von persönlichen Vorlieben, eine neutrale Farbe (ohne Farbstich, möglichst warmweiß) ist jedenfalls günstig. Starke Blautöne können bei Nutzung am Abend Schlafprobleme auslösen.

Arbeitstische und -stühle

- Der Arbeitstisch sollte ausreichend groß sein (Richtwert für Büroarbeit 160 cm mal 80 cm; Höhe zwischen 65 und 85 Zentimetern).
- Ein aufgeräumter und ordentlicher Schreibtisch fördert die Arbeitseffizienz.
- Ein höhenverstellbarer Schreibtisch kann empfehlenswert sein, um die passende Schreibtischhöhe einstellen zu können.

---

69   Bundesministerium für Arbeit, Familie und Jugend: Ergonomisches Arbeiten im Homeoffice. Leitfaden und Checkliste für ein sicheres und gesundes Arbeiten zu Hause, November 2020.
70   https://www.gesundheit.de/ueber-uns (13.01.2021).

- Stehschreibtische erlauben einen häufigeren Haltungswechsel. Sie entlasten dadurch die Gelenke, trainieren die Muskeln und fördern die Durchblutung. Besonders empfehlenswert sind Schreibtische, die sich höhenverstellbar auch in Stehpulte verwandeln lassen.
- Der Arbeitssessel sollte fünf Rollen aufweisen, in der Höhe einstellbar sein und eine gute Unterstützung des Rückens bieten.
- Ergonomisch geformte Stühle helfen dabei, das Becken leicht gekippt zu halten (Lordoseunterstützung). Dies schont den unteren Rücken und entlastet die Muskulatur.
- Die Sitzhöhe ist korrekt, wenn Ober- und Unterschenkel einen rechten Winkel bilden und die Füße gerade am Boden stehen.
- Auch die Armlehne soll so hoch eingestellt sein, dass Ober- und Unterarm einen rechten Winkel bilden.

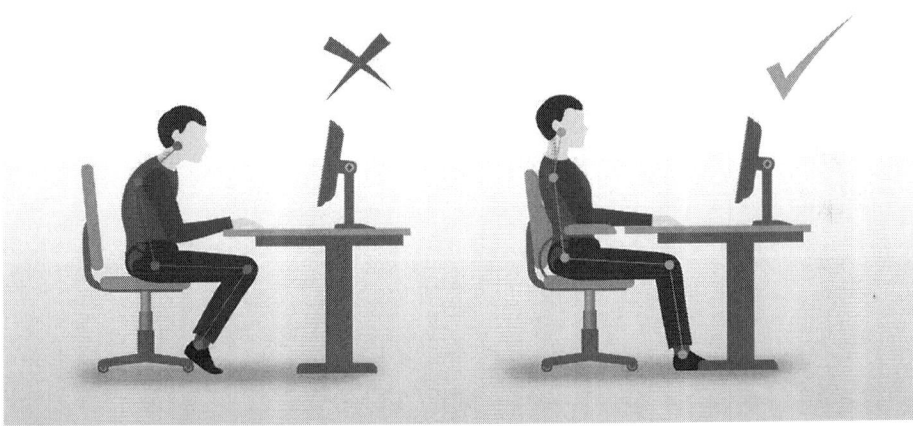

Abb. 7: Richtiges Sitzen am Arbeitsplatz. [Quelle: Konstruktionspraxis[71]]

Technische Ausstattung

- Der Bildschirm sollte sicher auf der Tischplatte stehen und der Arbeitsaufgabe entsprechend groß sein. Wichtig dabei ist die Zeichengröße in Abhängigkeit von der Sehweite.
- Die Bildschirmhöhe soll so einstellbar sein, dass näherungsweise die obere Darstellungzeile leicht unterhalb der Augenhöhe liegt. Bei Verwendung eines Laptops sollte dieser entweder mit einem externen Monitor genutzt werden oder auf einen erhöhten Laptopständer gestellt werden, um die richtige Höhe zu gewährleisten. Dies schont Nacken, Schultern und Rücken.
- Zusätzlich sollten den ergonomischen Anforderungen entsprechende, vom Bildschirm getrennte Tastaturen und Computermäuse verwendet werden. Handauflegen verhindert das Abknicken der Hände bei der Bedienung der Maus, dies schont Gelenke, Sehnen und Nerven.

---

71   https://www.konstruktionspraxis.vogel.de/acht-tipps-fuer-das-perfekte-ergonomische-sitzen-a-677049/ (08.02.2021)

- Vor der Tastatur sollte eine Handauflagefläche von mindestens 10 cm Tiefe gegeben sein.[72]

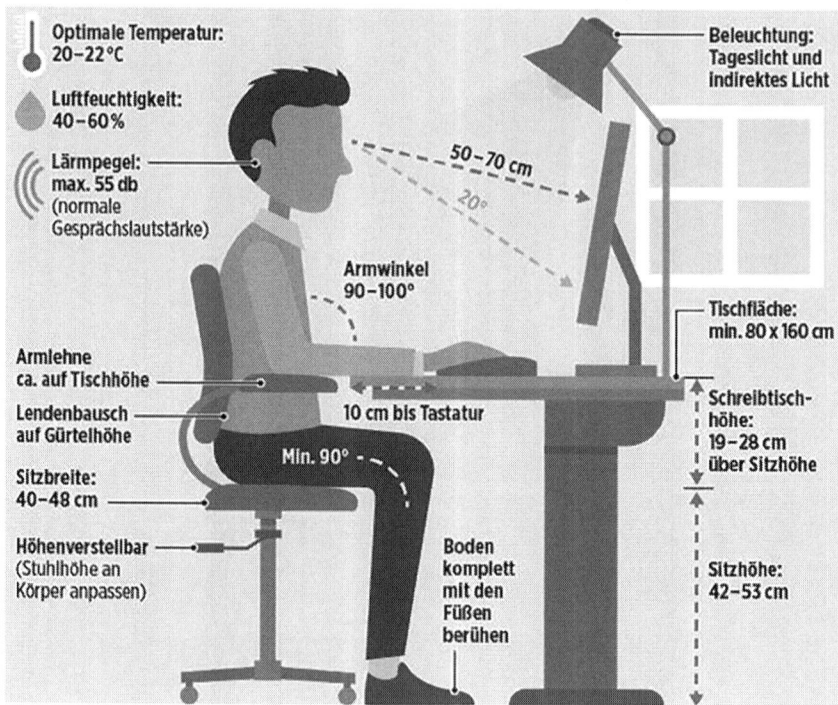

Abb. 8: Ergonomische Gestaltung des Arbeitsplatzes. [Quelle: Karrierebibel.de, Illustration: *Mila Olszewska*, unter: www.pinterest.de/pin/299348706484557314/ (18.1.2020).]

Führungswerkzeug
Vorhaben-Box

Gehen Sie das ABC der Selbstführung durch. Was spricht Sie an, passt zu Ihnen, würden Sie gerne in Ihren Alltag integrieren? Die Vorhaben-Box hilft Ihnen, dies zu strukturieren.

Das „Sollen" – Meine Herausforderungen

Formulieren Sie ein Vorhaben, das Sie für sich persönlich für besonders sinnvoll halten, das Ihnen aber vermutlich schwerfallen wird.

1. Standortbestimmung: Wo stehe ich derzeit in Bezug auf dieses Vorhaben auf einer Skala zwischen 0 und 10?
2. Mögliche Schritte: Was kann ich tun, um einen Punkt weiter in Richtung 10 zu kommen?
3. Versuchen Sie, dies ab sofort regelmäßig und konsequent umzusetzen.

---

72 https://www.konstruktionspraxis.vogel.de/acht-tipps-fuer-das-perfekte-ergonomische-sitzen-a-677049/ (13.01.2021).

Das „Wollen" – Was ich mir gerne gönnen würde

Formulieren Sie ein Vorhaben, das Sie reizt, Ihnen angenehm wäre, etwas, das Sie für sich selbst tun könnten.

1. Standortbestimmung: Wo stehe ich derzeit in Bezug auf dieses Vorhaben auf einer Skala zwischen 0 und 10?
2. Mögliche Schritte: Was kann ich tun, um einen Punkt weiter in Richtung 10 zu kommen?
3. Versuchen Sie, dies ab sofort regelmäßig und konsequent umzusetzen.

Führungswerkzeug

Stil und Auftritt in Videokonferenzen

Wir sind es gewohnt, uns für Meetings entsprechend zu kleiden und auf unseren Stil, unseren Auftritt und unser Wirken zu achten. Natürlich spielen auch remote die Kleidung und der Auftritt eine große Rolle und zwar nicht nur bis zur Gürtellinie. Wie bei einem Fototermin gilt auch hier: Nicht weiß vor weiß, keine zu großen oder zu kleinen Muster, aber auch keinen zu dominierenden Schmuck. Die richtige Kamera, die Positionierung der Kamera, der Blick in die Kamera und die Qualität des Mikrofons sollten für einen professionellen Auftritt ein Muss sein. Achten Sie darauf, wie Ihr Hintergrund wirkt. Ruhig, dezent, ohne Ablenkung und ohne Einblick in Ihre Privatsphäre. Und als Brillenträgerin sollten Sie auch darauf achten, dass die Gläser nicht spiegeln und Ihre Augen zu sehen sind.[73]

Tipps für einen professionellen Auftritt:

- Die richtige Kameraposition für Videokonferenzen: Besser von oben herab als von unten hinauf, am besten aber auf Augenhöhe.
- Auch wenn's nicht ganz einfach ist: Schauen Sie so oft wie möglich direkt in die Kamera anstatt auf das Bild des Gegenübers. Nur so entsteht das Gefühl von Augenkontakt.
- Der Abstand zur Kamera ist optimal, wenn auf dem Kamerabild etwas Platz über dem Kopf ist und man einen Teil Ihres Oberkörpers sieht.
- Bild-Hintergrund: Neutral, ruhig und ohne störende Elemente.
- Mehr Licht! Die passende Beleuchtung ist möglichst warmes Licht von vorne – idealerweise aus verschiedenen Quellen. Künstliche Deckenbeleuchtung macht ungünstige Schatten im Gesicht.
- Der Ton macht die Musik. Kein Hall, Kopfhörer mit Mikro sind immer besser als im Notebook eingebaute.
- Klingt banal, macht aber Sinn: Überprüfen Sie vorab die Internet-Verbindung.
- Für eine gute Optik: Wischen Sie die Kamera ab und an mal ab.
- Für eine gute Stimme: Wasser trinken nicht vergessen!
- Sitzen Sie aufrecht bzw etwas nach vorne gelehnt.
- Wählen Sie ein neutrales Styling, in neutralen Farben und ohne große Muster.

---

[73]   *Motsch* 2020: http://tools.emailsys2a.net/mailing/73/3539271/6121800/77/8f90357f88/index.html (30.11.2020).

5. Mitarbeiterführung ins Homeoffice

Zum Thema der direkten Mitarbeiterführung stellen wir zunächst drei hilfreiche Modelle der Motivationsforschung vor sowie Überlegungen zur Balance von Fördern und Fordern und zu Feedback unter Bedingungen von Homeoffice. Was hier passend ist, hängt stark vom jeweiligen Menschentyp und vom eigenen Führungsstil ab. Beiden Themen widmet sich daher ein eigenes Unterkapitel. Danach geben wir Informationen zum Thema Burnout und möglichen Präventionsmaßnahmen. Wir halten es für wichtig, den eigenen Führungsstil in Bezug auf die Bedingungen des Homeoffice neu zu reflektieren, in ausreichendem Kontakt mit den Mitarbeitern im Homeoffice zu bleiben und auch spezielles Augenmerk auf die Fürsorge für diese Personen zu legen.

5.1. Motivation, Fördern und Fordern, Feedback

Beim Aufgabenbereich der Mitarbeiterführung geht es um die Fähigkeit, Menschen individuell zu führen, sie einschätzen zu können, mit Menschen umgehen zu können, ihre Fähigkeiten und Potenziale, aber auch ihre Grenzen zu erkennen, um sie letztlich optimal fördern und auch fordern zu können.

Wir kennen viele Führungskräfte, die sich gute Mitarbeiterinnenführung bei einem hohen Anteil von Homeoffice nicht vorstellen können. Die Covid-Krise hat einigen jedoch gezeigt, was möglich ist, und hat viele dazu gebracht, Instrumente der Führung auf Distanz zu probieren und zu entwickeln. Viele Skeptiker haben erfahren, wie wichtig kontinuierliche und intensive Kommunikation und Vertrauen sind, aber auch, dass beides gelingen kann.

Im Folgenden gehen wir auf einzelne Aspekte der Mitarbeiterführung ein, die uns in Situationen der Distanz besonders wichtig erscheinen.

5.1.1. Motivation

Das Thema Motivation beschäftigt uns als Berater seit Jahrzehnten. Wir wollen zunächst zwei Modelle, die uns am hilfreichsten erscheinen, anführen und dann die besonderen Anforderungen im Homeoffice herausarbeiten. *Sprenger* bringt es an mehreren Stellen auf den Punkt: Menschen können von anderen nicht motiviert werden, sie können sich nur selbst motivieren.[74] Alles, was Menschen demnach wollen, ist, wählen zu können. Ich kann als Führungskraft Angebote machen, Zwang ausüben oder manipulieren, aber ich kann niemals von außen motivieren. Ich kann aber als Führungskraft einiges beitragen, damit meine Mitarbeiterinnen dabei unterstützt werden, sich selbst zu motivieren.

5.1.2. Leistungsbereitschaft – Leistungsfähigkeit – Leistungsmöglichkeit

Zunächst kann überlegt werden, auf welche Faktoren Führungskräfte Einfluss nehmen können, wenn es darum geht, ein bestimmtes Leistungsniveau zu erreichen. Leistung setzt sich zusammen aus Leistungsbereitschaft, Leistungsfähigkeit und Leistungsmöglich-

---

74   *Sprenger* 1997.

keit. Hier gibt es jeweils unterschiedliche Einflussmöglichkeiten von Führungskraft und Mitarbeiter.

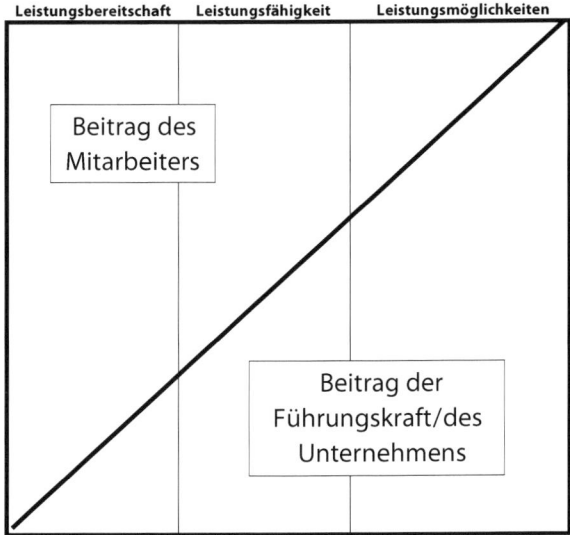

Abb. 9: Leistungsbereitschaft – Leistungsfähigkeit – Leistungsmöglichkeit. Beiträge der Mitarbeiter und der Führungskraft. [Quelle: *Gölzner, H.*, (2006). Erfolg trotz Führung. Das Systemisch-integrative Führungsmodell: Ein Ansatz zur Erhöhung der Arbeitsleistung in Unternehmen. Heidelberg: Springer.]

Für die Leistungsmöglichkeit, etwa aufgrund der technischen Ausstattung, der verfügbaren Informationen oder des Budgets, ist im Wesentlichen die Organisation, die Führung verantwortlich. Die Leistungsfähigkeit, das Können, liegt im Einflussbereich beider Seiten. Mögliche Beiträge der Führungskraft sind hier Angebote zur Weiterbildung, Mentoring oder Unterstützung. Die Leistungsbereitschaft, das Wollen, liegt zum größten Teil in der Hand des Mitarbeiters. Dieses Wollen ist aber eigentlich gemeint, wenn wir von Motivation sprechen. Mitarbeiterinnen, die etwas leisten wollen, aber nicht die Möglichkeit oder Fähigkeit dazu haben, verlieren oft auch ihre Motivation. Führungskräfte, die Motivation stärken wollen, sollten sich also auf die Leistungsmöglichkeit und das Fördern der Leistungsfähigkeit konzentrieren, dies sind die Bereiche, auf die sie Einfluss nehmen können und in denen sie auch Verantwortung tragen.

In anderen Worten: Motivation bezeichnet die inneren Beweggründe, die der Leistung zugrunde liegen. Die Führungskraft kann diese Motive bestärken bzw Demotivation verhindern, indem sie sich um Leistungsmöglichkeit kümmert und Angebote der Stärkung der Leistungsfähigkeit unterbreitet, um die Motivation der Mitarbeiter auf hohem Niveau zu halten.

5.1.3. Zusammenhang von Motivation und Anforderung

Ein weiteres Modell hebt den Zusammenhang von Spannung bzw Herausforderung und Motivation hervor:

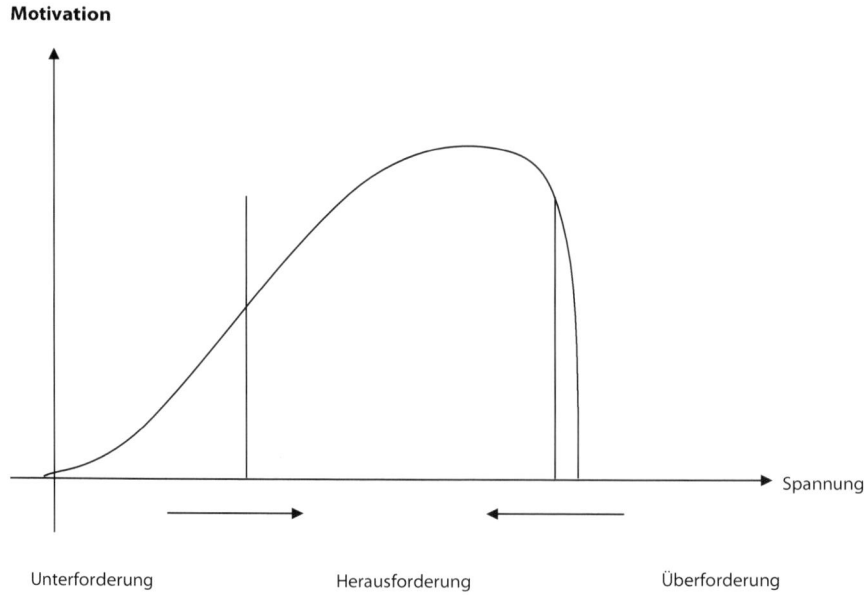

Motivation

Spannung

Unterforderung   Herausforderung   Überforderung

Abb. 10: Motivation und Anforderung. [Quelle: https://www.beraterkreis.at/wp-content/uploads/2016/03/ Ulrich-Königswieser-im-Interview-mit-Reinhard-Krechler.pdf (30.11.2020).]

Die These lautet: Bei geringer Spannung ist auch die Motivation niedrig, die Aufgabe wird als langweilig empfunden, die Lust dazu ist meist gering. Steigt die Herausforderung an, kommt es zu einem optimalen Niveau, zu motivierender Herausforderung. Steigt der Spannungspegel dann noch weiter, kommt es zu einem rapiden Abfall der Motivation, da dies Widerstand oder Überforderung hervorruft – da die Aufgabe als zu schwierig empfunden wird, fängt man gar nicht erst an. Führungskräfte können daher bei der Zielvereinbarung oder der Delegation auf ein für die betreffende Person passendes Anforderungsniveau achten.

Die Schwierigkeit für eine Führungskraft besteht darin, dass sich Überforderung und Unterforderung von außen oft schwer unterscheiden lassen. Man sieht das Ergebnis, also die Demotivation oder das Nachlassen der Leistung, nicht aber die Ursache.

Wer als Führungskraft Druck ausübt, sei es in Form von negativen Sanktionen oder auch in Form von Belohnungen oder Prämien erzielt möglicherweise kurzfristig mehr Leistung, bewirkt aber dadurch nur dann mehr (kurzfristige) Motivation, wenn der Mitarbeiter davor unterfordert war. Im Falle der Überforderung wirken Strafen oder Belohnung kontraproduktiv, da sie den Druck weiter erhöhen.

Immer wieder wird in diesem Zusammenhang insbesondere die Wirkung von Prämien oder leistungsorientierter Entlohnung diskutiert. Geld ist allerdings ein sogenannter Hygienefaktor. Wird das Gehalt als zu gering empfunden, führt dies zu Demotivation, motivieren kann Geld langfristig jedoch nicht. Prämien oder Anerkennungen können kurzfristig positiv wirken und als Wertschätzung („Meine Leistung wird gesehen.") erlebt werden. Oder, um es in einem Satz auf den Punkt zu bringen: Leistungsorientierte Entlohnung bewirkt entlohnungsorientierte Leistung. Mitarbeiterinnen sind nicht motivierter und engagierter, sondern sie beschäftigen sich damit, wie sie arbeiten müssen, um ihre Prämien zu maximieren.

Fördern und Fordern

Die Balance von Fördern und Fordern ist in der Praxis meist herausfordernd. Beides ist gleichermaßen wichtig. Zu viel Förderung kann wegen mangelnder Herausforderung auch demotivierend wirken bzw zu suboptimalen Leistungen führen. Dieser eher unproduktive Führungsstil wird als Glacéhandschuh-Management bezeichnet (siehe Kap. 5.3). Zu viel Fordern kann über Stress und Druck mittelfristig auch zu Leistungsabfall oder Demotivation führen. Die richtige Balance ist immer abhängig von der Tätigkeit, der Situation und auch vom Menschentyp, manche Personen brauchen mehr Förderung, manche mehr Forderung.

Bei Führung ins Homeoffice kann dabei Folgendes beachtet werden:

Der geringe persönliche Kontakt kann es erschweren, die richtige Balance zu finden. Man muss daher genauer beobachten, mehr Feedback-Schleifen einbauen und generell eher kurzfristiger überprüfen, ob sich einzelne Mitarbeiter ausreichend gefordert, aber auch entsprechend gefördert fühlen.

Weiters kann die Situation der Distanz auch unterschiedlich auf verschiedene Personen wirken. Auch wenn man Menschen schon kennt, können sie unter Bedingungen des Homeoffice andere Führung benötigen. Zur Zeit des Lockdowns in Zusammenhang mit der Covid-Pandemie etwa waren bestimmte Mitarbeiterinnen im Homeoffice viel produktiver als davor, andere, ehemals sehr selbstständige Mitarbeiter wiederum brauchten mehr Unterstützung.

Im Homeoffice braucht es klarere Zielvorgaben, da beiläufige Delegation, aber auch die Einschätzung der Arbeitssituation eines Mitarbeiters schwerer möglich sind. Viele Führungskräfte gehen davon aus, dass der Aspekt des Forderns bei Homeoffice wichtiger wird, da Mitarbeiter sonst weniger arbeiten würden. Generell bestätigen Studien zwar das Gegenteil, in manchen Fällen kann dies aber durchaus zutreffen. Häufig betrifft die Aussage „ich arbeite jetzt weniger als davor" eher die reine Arbeitszeit als die erbrachte Leistung. So erzählen viele Personen, dass sie daheim effizienter sind, aber auch aufhören zu arbeiten, wenn ihre Leistung erbracht ist, statt – wie manchmal im Büro – einfach Zeit „abzusitzen".

Feedback

In Zusammenhang mit Fördern und Fordern ist Feedback ein zentrales Führungsinstrument. Neben formellem Feedback im Rahmen von Mitarbeitergesprächen oder Evaluierungen findet in der Praxis ein großer Teil der Rückmeldungen informell statt, also spontan, laufend und oft zu kleinen Aspekten im täglichen Arbeitsablauf.

Bei Führung ins Homeoffice wird informelles, beiläufiges Feedback schwieriger und seltener. Es empfiehlt sich, regelmäßige, auch kurze virtuelle Meetings zu organisieren, in denen Rückmeldungen auf die Arbeit der letzten Tage oder zum letzten Projekt gegeben werden können. Damit kann der Wegfall spontaner Rückmeldungen ein Stück weit kompensiert werden.

Bei Führen aus der Distanz kann es naheliegend erscheinen, Feedback vermehrt schriftlich, mittels E-Mail zu geben. Dies ist bei positiven Rückmeldungen kein Problem, Kritik sollte allerdings jedenfalls mündlich erfolgen, wenn möglich auch mit Blickkontakt.

Formelles Feedback ist in vielen Organisationen in Form des Mitarbeitergesprächs organisiert. Wenn irgend möglich empfehlen wir, dieses meist jährliche Gespräch im persönlichen, direkten Kontakt zu führen. Selbst wenn dieses Mitarbeiterinnengespräch analog geführt wird, braucht es unserer Erfahrung nach aber bei Homeoffice mehr organisierte Gelegenheiten zu formellem Feedback. Wenn viel remote gearbeitet wird, sollten also häufigere „checkpoints" vereinbart werden, zB vierteljährliche strukturierte Gespräche zu Arbeitsleistung, Zielen, Entwicklungsmaßnahmen und der Situation des Mitarbeiters.

Feedback ist umso effektiver, je besser es den Beteiligten gelingt, es so zu gestalten, dass es annehmbar, inhaltlich klar und konstruktiv ist. Wesentliche Aspekte davon sind die folgenden:

- Beschreibend statt bewertend: Indem man seine eigene Wahrnehmung beschreibt, überlässt man es der anderen Person, diese Information zu verwenden oder nicht. Konkrete Beschreibungen können annehmbarer sein. Da sie nicht bewertend sind, mindern sie den Drang des Gegenübers, sich zu verteidigen.
- Konkrete Rückmeldungen statt allgemeine Aussagen: Gutes Feedback ist klar und genau formuliert und bezieht sich auf konkret beobachtbares Verhalten, statt auf Vermutungen oder Interpretationen. Man kann gut nachprüfen, ob die Rückmeldung klar und genau formuliert war, indem man die Feedbackempfängerin bittet, den Inhalt in eigenen Worten zu wiederholen.
- Angemessen statt zerstörerisch oder beschönigend: Gutes Feedback muss sich weiters auf veränderbares Verhalten beziehen und in Situationen gegeben werden, in denen der Betreffende es auch annehmen kann. Wenn das Feedback auf die Veränderung von Verhaltensweisen zielt, dann nützt es auch wenig, wenn es „unter der Gürtellinie" ist, also zu direkt, kränkend oder zu massiv ist, und daher nicht angenommen werden kann. Gerade wenn die Rückmeldung von der eigenen Führungskraft kommt oder der Feedbackempfänger eher unsicher ist, werden Aussagen oft besonders drastisch gehört, man muss also als Führungskraft gut dosieren. Ist man als Führungskraft allerdings zu vorsichtig, dann besteht die Gefahr, dass die Botschaft nicht ankommt.

Hilfreich für konstruktives Feedback ist jedenfalls auch die Grundhaltung, dass man sich möglicherweise irren könnte bzw dass die eigenen Wahrnehmungen subjektiv sind. Wesentlich ist hier die innere Haltung. Diese kann durch eine offene, subjektive Sprache verdeutlicht und unterstützt werden („ich beobachte, dass", statt: „man sieht doch, dass"…).

Für die Person, die das Feedback bekommt, gibt es zunächst nur ein richtiges Verhalten: Zuhören und versuchen, zu verstehen. In weiterer Folge kann man natürlich überlegen, welchen Teil der Rückmeldung man annimmt, ernst nehmen möchte oder ernst nehmen muss und zum Anlass für Verhaltensänderungen nimmt (siehe dazu und zur Entwicklung einer Feedback-Kultur im Team auch Kapitel 6.3).

Die Spielregeln für wirksames Feedback
- Beziehe dich auf konkrete Einzelheiten.
- Unterwirf deine Beobachtung der Nachprüfung durch andere.
- Gib deine Information auf eine Weise, die annehmbar ist.
- Gib das Feedback zeitnah.
- Vermeide moralische Bewertungen.
- Biete deine Information an, zwinge sie nicht auf.
- Gib zu, dass du dich möglicherweise auch irrst.

Spielregeln für die Person, die Feedback erhält
- Nicht (gleich) argumentieren und verteidigen!
- Nur zuhören, klären und aufnehmen.

Feedback über Telekommunikationstools im Homeoffice

Wenn das Feedback nicht in persönlicher Präsenz, sondern online, also über Telekommunikationstools gegeben wird, dann ist Folgendes besonders zu beachten:

- Gerade bei Arbeit im Homeoffice sollte Feedback unbedingt persönlich und mündlich erfolgen.
- Wenn es Ihnen passend erscheint, dann senden Sie als Führungskraft eine schriftliche Zusammenfassung hinterher.
- Sorgen Sie unbedingt dafür, dass das Feedback in einem eigenen Vier-Augen-Termin erfolgt.
- Klären und besprechen Sie mit dem Mitarbeiter, zu welcher Tageszeit ein ruhiger und konzentrierter Termin gewährleistet ist.
- Wählen Sie einen Termin, an dem sichergestellt ist, dass nicht unmittelbar danach ein nächstes Meeting oder ein ähnlicher Termin gebucht ist.
- In vielen Fällen hat sich folgender Ablauf bewährt:
  - Feedbacktermin freitagabends oder am späten Nachmittag. Dieser Termin sollte nicht zu lange angesetzt sein, gutes Feedback ist immer pointiert und braucht auch keine Diskussion.
  - Keine weiteren Termine hinterher!
  - Einen weiteren Termin für montagmorgens unter vier Augen vereinbaren.
- Sorgen Sie unbedingt dafür, dass beide Partner durchgängig die Videofunktion nutzen können und dies auch tun.
- Feedback kann leichter angenommen und verarbeitet werden, wenn es nicht nur in Ausnahmefällen, sondern zusätzlich auch in einer vereinbarten Regelmäßigkeit erfolgt. Wir denken, auch hier gilt wie in vielen Aspekten der Kommunikation bei Arbeit und Führung im Homeoffice: Besser kürzer und öfter als ausführlich und selten.

Und es gilt: Jedenfalls regelmäßige Termine dafür ansetzen, da viele spontane Gelegenheiten, die sich im Büro ergeben, wegfallen.

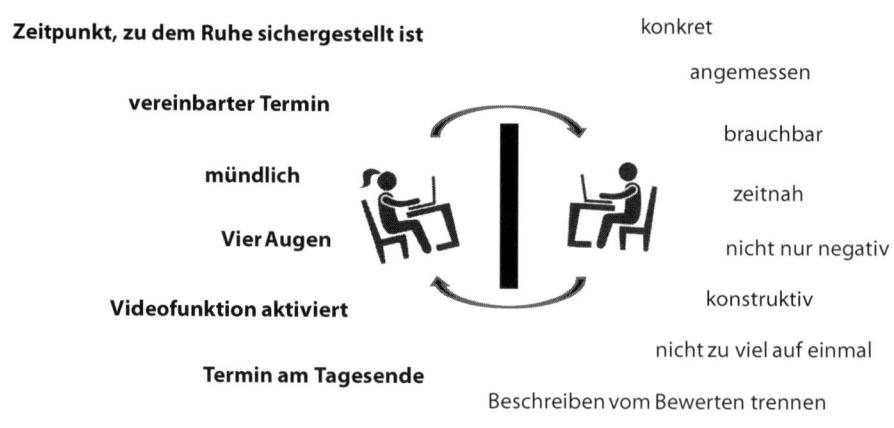

Zeitpunkt, zu dem Ruhe sichergestellt ist   konkret

vereinbarter Termin   angemessen

mündlich   brauchbar

zeitnah

Vier Augen   nicht nur negativ

Videofunktion aktiviert   konstruktiv

nicht zu viel auf einmal

Termin am Tagesende   Beschreiben vom Bewerten trennen

In fetter Schrift = besonders relevant im Homeoffice

Abb. 11: Feedbackregeln spezifisch für das Homeoffice. [Quelle: eigene Darstellung]

5.1.4. Fürsorge für Mitarbeiter

Die Fürsorge für Mitarbeiterinnen gewinnt aus zwei Gründen bei Homeoffice an Bedeutung. Erstens ist hier die Gefahr von Technostress[75] höher. Technostress meint zum einen technische Schwierigkeiten im Umgang mit komplexen und sich rasch verändernden Kommunikationstechnologien, zum anderen auch das Gefühl, aufgrund der Technologien ständig verbunden und erreichbar sein zu müssen.[76] Zweitens können durch die Vermischung privater und beruflicher Tätigkeiten im Homeoffice vermehrt Konflikte entstehen.[77] Vor allem Frauen müssen beim Arbeiten im Homeoffice oftmals parallel private Verpflichtungen erfüllen, sie weiten daher ihre Arbeitszeiten oft aus beziehungsweise verlegen sie auf früh morgens oder spät abends,[78] was wiederum zu Stress und Überlastung führen kann.[79] Kapitel 5.4. thematisiert dies ausführlicher in Zusammenhang mit Burnout bzw Burnout-Prophylaxe.

5.2. Unterschiedliche Persönlichkeitstypen und deren Führung im Homeoffice[80] – Das Big-Five-Modell

Situatives Führen bedeutet ua, auf unterschiedliche Menschen, ihre Stärken und Schwächen und ihre Lebenssituationen Rücksicht zu nehmen. Wir stellen hier ein gut abgesichertes Persönlichkeitsmodell vor, das hier Orientierung geben kann, und diskutieren, worauf man bei der Führung der jeweiligen Typen im Homeoffice achten soll. Meist kennt man seine Mitarbeiterinnen zwar gut, aber durch die Brille eines Persönlichkeits-

---

75   *Suh/Lee* 2017.
76   *Lei/Ngai* 2014.
77   *Hill/Ferris/Märtinson* 2003.
78   *Grant/Wallace/Spurgeon* 2013.
79   *Morganson/Major/Oborn/Verive/Heelan* 2010.
80   An dieser Stelle möchten wir *Katrin Haidinger* unseren Dank aussprechen für wertvolle Hinweise (*Haidinger* 2020).

modells kann die Führungskraft eigene Überlegungen zum jeweils passenden Führungs-stil in der spezifischen Situation des Homeoffice besser strukturieren.

Eines der empirisch am besten validierten Modelle ist das Fünf-Faktoren-Modell, die Big Five Theory.[81] Im Rahmen vieler Forschungen wurde festgestellt, dass die wichtigs-ten Persönlichkeitsmerkmale nahezu vollständig durch fünf breite, relativ stabile und kulturunabhängige Faktoren erklärt werden können.[82] Diese Faktoren sind Emotionale Stabilität, Extraversion, Offenheit für Erfahrungen, Soziale Verträglichkeit und Gewissen-haftigkeit.[83] Im Folgenden werden Bedeutungen der Faktoren und ihre Auswirkungen für die Führung im Homeoffice beschrieben.

Emotionale Stabilität

Emotionale Stabilität bezieht sich va auf den Umgang mit unangenehmen Ereignissen und negativen Emotionen. Emotional stabile Menschen (niedrige Neurotizismus-Werte) be-schreiben sich als ruhig, ausgeglichen, gelassen und belastbar, für Menschen mit hoher Neigung zu Neurotizismus gilt jeweils das Gegenteil.

Bedeutung für Homeoffice

Emotional stabile Personen brauchen grundsätzlich weniger Aufmerksamkeit der Füh-rungskraft, sofern gute Rahmenbedingungen, klare Ziele und die erforderliche Kompe-tenz zur Zielerreichung gegeben sind. Wenn die emotionale Stabilität gering ausgeprägt ist, dann kann ein guter und engmaschiger persönlicher Kontakt mit der Führungskraft wichtig sein. Insbesondere in stressigen Situationen sollte die Führungskraft versuchen, ausgleichend und beruhigend zu wirken. Menschen mit der Neigung zu Neurotizismus haben eher eine negative Einstellung zu Telearbeit, va, da sie Neuem meist mit Skepsis begegnen.[84] Diese Mitarbeiterinnen haben eine eher pessimistische Wahrnehmung des Umfelds, auch deswegen sollte die Führungskraft Sicherheit geben und Mut machen. Sie haben auch verstärkt Probleme mit dem Management der Vereinbarkeit von Beruf und Privatem. Hier kann die Führungskraft va durch klare Regeln und Vereinbarungen bzgl Zeitmanagement und Erreichbarkeiten wirksam sein.

Extraversion – Introvertiertheit

Extrovertierte Menschen sind gesellig, aktiv, energisch, heiter und optimistisch. Sie füh-len sich unter Menschen wohl und mögen ein stimulierendes und ereignisreiches Um-feld. Der Gegenpol ist Introvertiertheit. Introvertierte Personen sammeln ihre Energie

---

81 *Remhof* 2015.
82 *Amelang/Bartussek/Stemmler/Hagemann* 2006; *Laux* 2008; *Rammsayer/Weber* 2016.
83 *McCrae/Costa* 2003; Auch in Bezug auf Führung sind diese Merkmale im Rahmen einer Metaanalyse sehr gut erforscht (*Judge/Thoresen/Bono/Patton* 2001). Dieser Studie zufolge begünstigen Extraversion, Offenheit und emotionale Stabilität sowohl das Erreichen einer Führungsposition als auch den Führungserfolg. Soziale Ver-träglichkeit spielt zwar für den Führungserfolg eine Rolle, hingegen kaum für die Wahrnehmung als Führungs-kraft in ad-hoc-Gruppen. Dass einfühlsame, hilfsbereite und kooperative Menschen im Rennen um eine Füh-rungsposition gegenüber kompetitiven „Ellbogentechnikern" keinen Vorteil haben, überrascht nicht. Im lang-fristigen Umgang mit den Mitarbeitern – so die Metaanalyse – zahlen sich diese Attribute hingegen aus. Umgekehrt verhält es sich bei Gewissenhaftigkeit. Diese trägt deutlicher zur Erlangung einer Führungsposi-tion bei als zum Erfolg in dieser Position. Effektive Führung hängt anscheinend also nicht so sehr davon ab, Aufgaben möglichst genau und sorgfältig bis zur Perfektion selbst zu erledigen (*Simsa/Steyrer* 2013).
84 *Clark/Karau/Michalisin* 2012.

durch eigene Ideen und Gedanken.[85] Sie sind reserviert, zurückhaltend, schüchtern und am liebsten unabhängig.[86] Sie bevorzugen beim Arbeiten Ruhe, wodurch sie lieber allein arbeiten, und präferieren schriftliche Kommunikation über persönliche.[87]

Im Gegensatz zu Introvertierten genießen extrovertierte Menschen es, sich mit Mitmenschen auszutauschen. Sie stehen der Außenwelt offen gegenüber und steigern ihre Energie durch den Kontakt mit Mitmenschen.[88] Sie präferieren persönliche Kommunikation über die schriftliche Kommunikation.

Bedeutung für Arbeit im Homeoffice

Clark, Karau und *Michalisin* [89] haben erhoben, dass extrovertierte Menschen weniger zufrieden mit Homeoffice sind, sie schätzen das traditionelle Arbeitsumfeld, wo sie täglich mehr Kontakte pflegen können. Weiters gibt es einen signifikanten Zusammenhang zwischen Extraversion und Cyberloafing, also der privaten Nutzung des Internets während der Arbeitszeit.[90] – Extrovertierte stillen ihr Bedürfnis nach sozialen Interaktionen vermehrt mittels intensiver Nutzung sozialer Medien oder anderer Entertainmentseiten. Gleichzeitig gelingt es ihnen aber auch relativ leicht, über das Internet Kontakte zu pflegen oder aufzubauen. Dennoch kann es notwendig sein, zu extrovertierten Mitarbeitern besonders enge Kommunikation zu halten, da die soziale Isolation im Homeoffice für sie eine besondere Herausforderung darstellt. Dabei ist auch ein Fokus auf außerberufliche Themen wichtiger als bei introvertierten Personen.[91]

Aufgrund der Bevorzugung der persönlichen Kommunikation sollten Führungskräfte bei Mitarbeiterinnen mit einer ausgeprägten Extraversion weniger schriftlich und mehr über Telefon oder Videokonferenztools kommunizieren. Um zusätzlich auch die Aufrechterhaltung des Austauschs mit Kollegen sicherzustellen, bieten sich neben Collaboration Tools regelmäßige virtuelle informelle Meetings, wie ein gemeinsames freiwilliges Mittagessen, an.

Introvertierte Personen fühlen sich eher wohl im Homeoffice. Wenn für die Arbeit Kontakt erforderlich ist, dann kann es allerdings negativ sein, wenn sie sich noch mehr als sonst zurückziehen. Sofern die arbeitsbezogenen Bedingungen und die Kommunikation sichergestellt sind, brauchen sie aber tendenziell weniger Aufmerksamkeit der Führungskraft.

Offenheit für Erfahrungen

Personen mit ausgeprägter Offenheit beschreiben sich als wissbegierig, fantasievoll, kreativ, experimentierfreudig und unkonventionell. Sie mögen Abwechslung und Neues. Bei geringer Offenheit besteht weniger Interesse an Neuem und an intellektueller Stimulation.

---

85 *Hannay* 2016.
86 *Rothmann/Coetzer* 2003.
87 *Hannay* 2016.
88 *Hannay* 2016.
89 *Clark/Karau/Michalisin* 2012.
90 *Varghese/Barber* 2017.
91 *Haidinger* 2020.

Bedeutung für Arbeit im Homeoffice

Insbesondere, wenn die Arbeit im Homeoffice Neuland für die Person darstellt, ist die Tendenz zu Offenheit günstig, impliziert sie doch eine leichtere Anpassung an neue Situationen oder auch neue Technologien und Freude am Lernen.

Personen mit weniger Offenheit brauchen besondere Unterstützung bei der Anwendung neuer Technologien bzw neuer Arbeitsprozesse im Homeoffice, dies kann zum Teil über die Führungskraft erfolgen, zum Teil aber auch über Coaching, Mentoring oder Weiterbildung.

Soziale Verträglichkeit

Zentrale Merkmale von verträglichen Menschen sind Altruismus, Harmoniebedürfnis, Hilfsbereitschaft und Vertrauen. Ihr Umgang mit anderen ist von Verständnis, Wohlwollen und Einfühlungsvermögen gekennzeichnet. Unverträgliche Personen zeigen sich hingegen egozentrisch, wenig kooperativ, eher konkurrierend, konfliktfreudig und skeptisch, sie widersetzen sich häufig Regeln. Wo Teamarbeit oder allgemein soziale Interaktion gefragt sind, sind verträgliche Personen erfolgreicher.[92]

Bedeutung für Arbeit im Homeoffice

Das Vertrauen, das sozial verträgliche Menschen anderen entgegenbringen, ist in virtuellen Teams und auch bei anderer Kooperation auf Distanz besonders wichtig, da hier der persönliche Austausch geringer ist. Mitarbeiter mit geringer Verträglichkeit hingegen betreiben aufgrund der Tendenz, gerne Regeln zu brechen, vermehrt Cyberloafing.[93] Sie lassen sich stärker von der Arbeit ablenken als verträgliche Menschen. In diesem Zusammenhang ist auch eine zu geringe Konnektivität, also zu wenig Kontakt und Austausch mit anderen wahrscheinlich. Bei diesen Mitarbeiterinnen ist die klare Formulierung von Zielen und deren Überprüfung sowie auch regelmäßiges und deutliches Feedback essenziell.

Gewissenhaftigkeit

Dies bezieht sich auf die Planung und Selbstdisziplin bei der Durchführung von Aufgaben. Gewissenhafte Menschen beschreiben sich als fleißig, diszipliniert, ehrgeizig, zuverlässig, pünktlich und ordentlich. Sie zeigen eine stark ausgeprägte Leistungsorientierung, Planungs- und Organisationsfähigkeit,[94] sind produktiver als weniger gewissenhafte Personen und verfügen über eine hohe intrinsische Motivation.[95] Sie können aber auch zu Perfektionismus und Workaholic-Verhalten neigen. Menschen mit geringer Ausprägung der Gewissenhaftigkeit sind unzuverlässig, chaotisch und inkonsequent in ihrer Arbeitsweise, verfolgen Ziele mit wenig Engagement und zeigen ein gleichgültiges Verhalten.[96] Sie lassen sich außerdem leicht durch äußere Reize ablenken.[97]

---

92   *Peeters/Tuijl/Rutte/Reymen* 2006; *Rothmann/Coetzer* 2003.
93   *Peeters/Tuijl/Rutte/Reymen* 2006.
94   *Rothmann/Coetzer* 2003.
95   *Krishnan/Lim/Thompson* 2010.
96   *Lang* 2009; *Remhof* 2015; *Rothfuß* 2017.
97   *Rothfuß* 2017.

Bedeutung für Homeoffice

Gewissenhafte Menschen brauchen tendenziell Schutz, wenig Gewissenhafte eher Kontrolle. *Witt* und *Carlson* [98] gehen davon aus, dass gewissenhafte Mitarbeiter aufgrund ihrer Organisationsfähigkeit berufliche und private Verpflichtungen grundsätzlich besser vereinbaren können als weniger gewissenhafte. Sie sind aufgrund ihrer Fähigkeiten zu gutem Zeitmanagement und ihrer Selbstdisziplin tendenziell eher geeignet für das Homeoffice. Ist das Merkmal zu stark ausgeprägt, kann aber die Erreichung einer Work-Life-Balance im Homeoffice besonders schwierig werden. Zusätzlich ist bei gewissenhaften Personen die Gefahr beruflicher Isolation besonders ausgeprägt. Auch aus anderen Gründen kann im Homeoffice der Schutz dieser Mitarbeiterinnen eine besonders wichtige Aufgabe der Führungskraft werden: Nachdem Leistungsüberprüfung und direktes Feedback im Homeoffice erschwert sind, könnten gewissenhafte Arbeitnehmer verstärkt versuchen, die Führungskraft auf ihre Leistung aufmerksam zu machen, zB durch ständige Erreichbarkeit oder zusätzliche Arbeitsstunden. [99] Hyper-Konnektivität und der damit verbundene Technostress können zu Überlastung führen. Wichtig ist daher die Formulierung klarer Regeln der (Nicht-)Erreichbarkeit, also auch Vereinbarungen dazu, wann Mitarbeiter kontaktiert werden dürfen und wann nicht. Auch die klare Vereinbarung realistischer Ziele über konstruktives Feedback (zeigen, dass die Arbeitsleistung bemerkt und geschätzt wird) kann Überarbeitung verhindern.

Bei wenig gewissenhaften Personen kann die Aufgabe der Kontrolle im Homeoffice stärker zum Thema werden. Tendenziell stellen ungewissenhafte Personen die gleichen Herausforderungen für die Führung dar wie unverträgliche Mitarbeiter – so sind Cyberloafing und andere Ablenkungen eher ein Thema. Dies bedeutet auch hier die Notwendigkeit der besonders klaren Zielsetzung und Kontrolle.

---

98   *Witt/Carlson* 2006.
99   *Church* 2015.

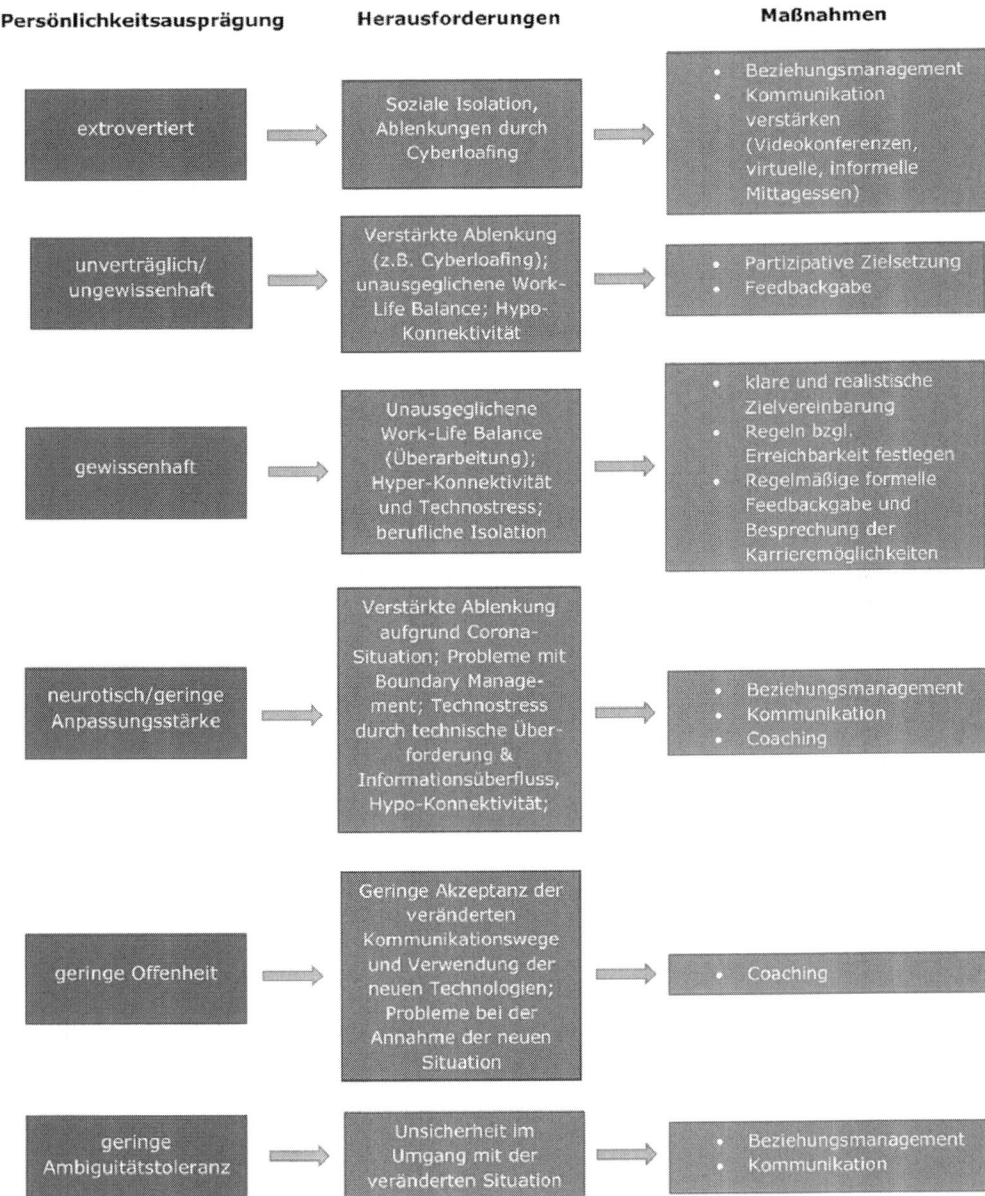

Abb. 12: Persönlichkeitstypen – Ausprägung, Herausforderungen im Homeoffice, Führungsaufgaben. [Quelle: *Haidinger, K.* (2020): Mitarbeiterführung im Homeoffice. Bachelorarbeit am Institut für Soziologie und empirische Sozialforschung.]

5.3. Der persönliche Führungsstil – Eine Reflexionsgrundlage auch für erfahrene Führungskräfte

Als Basis für Selbstreflexion fassen wir hier Modelle von Führungstheorien zusammen. Der Schwerpunkt liegt erstens auf den klassischen und bewährten Konzepten der transaktionalen (tauschorientierten) und transformationalen (visionsorientierten) Führung, sowie der Mitarbeiter- und Aufgabenorientierung. Zweitens stellen wir kurz neuere Konzepte von Leadership vor, die Anregungen für das eigene Handeln geben können, selbst wenn sie nicht vollständig übernommen werden. Zuletzt widmen wir uns der Frage, welche Führungsstile bei Mitarbeitern im Homeoffice besonders erfolgreich erscheinen.

5.3.1. Die klassischen dualen Konzepte von Leadership

Es gibt eine große Zahl von Führungstheorien und Modellen des Leadership – oft mit klingendem Namen, aber kurzer Halbwertszeit. Wir stimmen *Steyrer* und *Meyer* zu[100], dass die beiden dualen Konzepte Mitarbeiter-/Aufgabenorientierung und transaktionale/transformationale Führung hohe Erklärungskraft bieten und sich daher nicht zu Unrecht am „Markt der Modelle" halten, und orientieren uns beim Überblick über diese klassischen Modelle an den beiden Autoren.

Transaktionale versus transformationale Führung

Transaktionale Führung sieht im Führungshandeln ein Tauschgeschäft, eine Transaktion: Erreicht die Mitarbeiterin ihre (gemeinsam ausgehandelten) Ziele, wird sie belohnt. Vor allem monetäre Anreize werden als wichtig gesehen. Es besteht also nach dem Prinzip der Anreiz-Beitrags-Theorie eine klare Austauschbeziehung zwischen der Führungskraft und den Geführten.[101]

Transaktionale Führung beruht auf folgenden Prinzipien:

- Bedingte Verstärkung: Es werden Ziele und Kriterien für Erfolg festgelegt oder vereinbart, die Grundlage für Belohnung oder Sanktion sind.
- Management by Exception: Die Führung greift vor allem bei Abweichungen vom Plan ein.

Transformationale Führung beachtet und fördert die Mitarbeiterinnen und stimuliert sie intellektuell durch die Persönlichkeit des Leaders, die Strategien oder das Produkt, sodass sie sich durch die Arbeit selbst motivieren und sich aus eigener Motivation für eine Idee oder das Team einsetzen.[102] Wesentliche Dimensionen davon sind die folgenden:

- Charisma (auch „idealisierte Einflussnahme" genannt): Charisma bezieht sich auf die Ausstrahlung der Führungskraft, ihre Glaubwürdigkeit, Vertrauen und den Respekt, die sie genießt.
- Inspirierende Motivation: Dies bedeutet das Vermitteln von Zukunftsvisionen, die Mitarbeiter anspornen, aktivieren und begeistern.

---

100 *Steyrer/Meyer* 2010.
101 *Lippold* 2019.
102 *Lippold* 2019.

- Intellektuelle Stimulierung: Die Führungskraft regt innovatives Verhalten und neue Denkweisen an.
- Individuelle Wertschätzung bezeichnet das persönliche Eingehen auf jeden einzelnen Mitarbeiter, der von der Führungskraft wichtig genommen und unterstützt wird.

Mitarbeiter- versus Aufgabenorientierung

Die zweite Dualität ist jene von Mitarbeiter- und Aufgabenorientierung. Bei ersterer achtet die Führungskraft auf das Wohlergehen der Mitarbeiterinnen, sie bemüht sich um ein gutes Verhältnis zu ihnen, behandelt sie als Gleichberechtigte und unterstützt sie. Sie schafft ein offenes, angstfreies Klima und setzt sich für die Mitarbeiter ein.[103] Aufgabenorientierte Führungskräfte fokussieren dagegen primär auf Zielerreichung und das Arbeitspensum. Sie tadeln mangelhafte oder zu geringe Arbeitsleistungen, üben gegebenenfalls Druck aus und verlangen, dass schwächere Mitarbeiterinnen mehr aus sich herausholen.

Das Managerial-GRID-Modell stellt die beiden Dimensionen in Kombination dar. Die höchsten Ergebnisse bringt empirisch jene Führung, die sowohl bei Mitarbeiter- als auch bei Aufgabenorientierung hohe Werte hat (9,9). Den geringsten Erfolg hat Führung, die weder aufgaben- noch mitarbeiterorientiert ist. Im GRID-Modell wird sie als verarmte Führung bezeichnet, sie ist durch Laissez-faire-Verhalten gekennzeichnet. Hier nimmt die Führungskraft ihre Rolle nicht ein, sie kümmert sich weder um Leistungen noch um die Menschen.

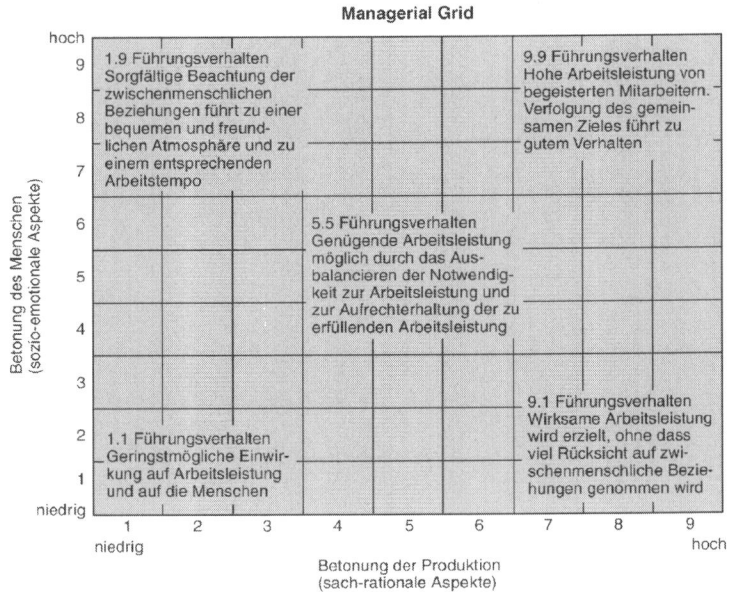

Abb. 13: Managerial-GRID-Modell [Quelle: https://wirtschaftslexikon.gabler.de/definition/managerial-grid-37572/version-140511]

---

103   *Wunderer* 2003, 206.

Zusammenfassung: Dimensionen der Führungsstile

Im Folgenden führen wir die Dimensionen zusammen und geben noch einmal einen Überblick über das jeweilige Führungsverhalten.

Mitarbeiter-orientierung	Transformationale Führung			Trans-aktionale Führung	Aufgaben-orientierung
	Wert-schätzung	Intellek-tuelle Stimulierung	Charisma		
Wohl-ergehen der Mitarbeiter fördern	Mitarbeiter individuell beachten	Eingefah-rene Denk-muster auf-brechen	Inspirie-rende Visio-nen und Strategien	Ziele klar und opera-tional defi-nieren bzw vereinbaren	Betonung von Leis-tung und Arbeits-einsatz
Aufbau einer guten Beziehung	MA fördern und ent-wickeln	Neue Einsichten vermitteln	Relevante Ziele vor-geben	Purpose und Sinn der Organisation verdeut-lichen	Tadel bei mangel-hafter, lang-samer Arbeit
Faire, gleich-berechtigte Behandlung	Hilfe geben	Kreativität ermöglichen	Identifika-tionsobjekt sein	Erfolgs-erwartung steigern	Aktivierung zu höchster Leistung
Unter-stützung bei Aufgaben-erfüllung	Auf Passung von MA und Aufgabe achten		Außer-gewöhnlich, vorbildlich erscheinen	Zusammen-hang von Zielerrei-chung und Belohnung verdeut-lichen	Inspiration durch Sinn und klaren Purpose
Freie, offene Kommuni-kation				Zielerrei-chung durch monetäre Anreize belohnen	Fokus auf voller Ein-satzbereit-schaft, Durch-setzungs-bereitschaft
Einsatz für Mitarbeiter					

Abb. 14: Merkmale verschiedener Führungsstile. [Quelle: *Steyrer, J./Meyer, M.* (2010): Welcher Führungsstil führt zum Erfolg? Zeitschrift für Führung und Organisation (zfo), 79, 148–155.

5.3.2. Umgang mit Entscheidungen: Von autoritär bis partizipativ

Jede Führungskraft muss zudem entscheiden, wie autoritär sie vorgehen möchte bzw welches Verhalten in der Situation angebracht ist. Hierarchisch-autoritäre Führung impliziert starke Kontrolle, Top-down-Entscheidungen, einen direktiven Kommunikationsstil und Distanz der Führungskraft. Die Aufgabenerwartungen und die Beziehungen sind klar. Kreativität und Innovation sind weniger erwünscht als Folgebereitschaft.

Partizipativ-kooperative Führung ist stärker teamorientiert, Mitarbeiterinnen werden in Entscheidungen einbezogen. Die Führungskraft delegiert Aufgaben und damit zusammenhängende Entscheidungen, fördert Kommunikation und Feedback und die Beteiligten begegnen sich als Personen auf Augenhöhe.[104]

Das Modell von *Tannenbaum/Schmidt* betont, dass ein Kontinuum von autoritärem bis zu partizipativem Vorgehen vorliegt. Es nennt sieben unterschiedliche Führungsstile, die situationsbezogen bei Entscheidungen gewählt werden können, nämlich autoritär, beratend, delegativ, demokratisch, patriarchalisch, partizipativ und konsultativ.[105]

Wir halten dieses Kontinuum für hilfreich. Die Praxis ist ja selten schwarz oder weiß bzw autoritär oder partizipativ, sondern bestimmte Situationen ermöglichen oder erfordern unterschiedliche Grade von Partizipation. Es kann hilfreich sein, das eigene Führungshandeln entlang dieses Modells zu reflektieren: Wo stehe ich in der Regel mit meinen Entscheidungen, wo könnte ich einmal etwas anderes ausprobieren, bei welchen Themen, Projekten oder Entscheidungen passt mein Stil und bei welchen sollte ich etwas ändern?

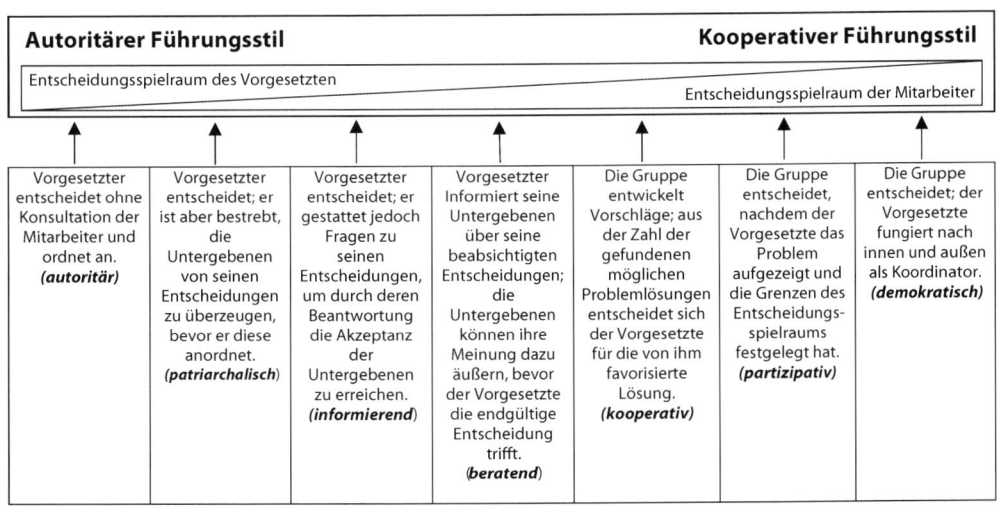

Abb. 15: Das Führungskontinuum nach *Tannenbaum/Schmidt*, 1958. [Quelle: *Andreā* et al. 2002: S. 167]

---

104 Vgl *Glöckler/Maul* 2010.
105 Vgl *Krizanits/Eissing/Stettler* 2017.

5.3.3. Neue, gegenwärtig diskutierte Leadership-Stile

Mitarbeiter zu Selbstführung befähigen: Dienende Führung, agile Führung und der Super-Leadership-Ansatz

Die dienende Führung[106] (servant leadership) konzentriert sich darauf, die Mitarbeiterinnen bestmöglich zu fördern, um das Beste aus ihnen herauszuholen.[107] Wichtig ist die Potenzialentfaltung über Visionen und Glaubwürdigkeit der Führungskraft. Die Führungskraft hilft den Mitarbeitern zu wachsen und erfolgreich zu handeln (zB durch Mentoring). Dienende Führung entspricht weitgehend dem Ansatz der transformationalen Führung, der Unterschied besteht darin, dass hier die Relation umgedreht wird, aus dem Vorgesetzten wird die dem Mitarbeiter dienende Führungskraft. Wichtig sind Einzelgespräche zum Verständnis von deren Fähigkeiten, Bedürfnissen, Zielen und Potenzialen. Auch das Ziel der Wertschöpfung für die Gemeinschaft, also das echte Anliegen, etwas Positives für die Gemeinschaft innerhalb und außerhalb der Organisation beizutragen, ist ein wichtiger Aspekt.

Während bei der dienenden Führung primär die Potenzialentfaltung der Mitarbeiterinnen im Vordergrund steht, geht der Super-Leadership-Ansatz noch weiter.[108] Er zielt darauf ab, andere so zu führen, dass sie sich letztlich selbst führen können („leading others to lead themselves"). Mitarbeiter sollen also befähigt werden, sich selbst zu organisieren, eigenverantwortlich, selbstständig und ergebnisorientiert zu arbeiten.

Angesichts rascher Veränderungen und zunehmender Dezentralität ist Command-and-control-Führung den Autoren zufolge nicht mehr adäquat. In turbulenten Verhältnissen ist nicht immer Zeit, auf Entscheidungen der Führung zu warten, und bei dezentralem Arbeiten können Führungskräfte ihre Mitarbeiter nicht immer passend erreichen und beeinflussen. Die Führungskraft soll also weniger das Verhalten steuern, als vielmehr als Prozessmoderator agieren[109] und klare Leitlinien für die zielorientierte Selbststeuerung der Mitarbeiter vorgeben. Im Endeffekt sollen Mitarbeiterinnen sich mit Blick auf Unternehmensziele selbstständig Aufgaben suchen und diese ausführen. Dieses Super-Leadership wird vor allem auch in Zusammenhang mit Homeoffice empfohlen[110], der Führungskraft kommen demnach fünf Rollen bzw Aufgaben zu:

- Bewahrer, Interpretierer und Lehrer der Prinzipien und Werte
- Chief Advisor
- Träger von Verantwortung bei (gemeinsam getroffenen) Entscheidungen
- Cheerleader (Erfolge anerkennen, feiern)
- Regelung von Entscheidungsbefugnissen im Konfliktfall[111]

In eine ähnliche Richtung weist das Konzept der agilen Führung, die ermöglichen soll, schnell, flexibel und anpassungsfähig auf sich verändernde Bedingungen zu reagieren[112], indem die Selbstorganisation von Personen und Teams gesteigert wird.[113]

---

106 *Greenleaf* 1977
107 Vgl *Dierendonck/Patterson* 2015.
108 *Manz/Sims* 2001.
109 *Schirmer/Woydt* 2016.
110 *Landes/Steiner/Wittmann/Utz* 2020.
111 nach *Landes/Steiner/Wittmann/Utz* 2020; *Manz/Sims* 2001.
112 *Preußig/Sichart* 2019.
113 *Lindner/Greff* 2019.

Geteilte Führung (Shared Leadership)

Hier wird Führungshandeln je nach Situation von unterschiedlichen Personen im Team wahrgenommen. Führungskräfte müssen sich von Kontrolle und Hierarchie trennen und Verantwortung abgeben. Shared Leadership ist also im Team verteilt, es ist fluide, dh Führungshandeln wird je nach Situation und Kompetenzen von unterschiedlichen Personen wahrgenommen, auf Basis eines dynamischen, interaktiven, kooperativen Prozesses innerhalb des Teams.[114]

Die Aufteilung von Aufgaben, Verantwortung und insbesondere von Führungshandeln kann die Lösungskompetenz und das Vertrauen im Team stärken.[115] Der Begriff Shared Leadership wird gegenwärtig häufig für diese Führung aus dem Team heraus verwendet. Sehr ähnliche Bedeutung haben die Begriffe verteilte (distributive), autonome, kollaborative oder kooperative Führung.[116]

Einige Untersuchungen zeigen, dass in Routinesituationen vertikale – also nicht-geteilte Führung – oft sinnvoll ist, geteilte Führung aber vor allem in außergewöhnlichen Situationen, mit hoher Unsicherheit und Risiko, zu höherer Teamperformance führt. Dies wurde für extreme Situationen wie zum Beispiel bei Hurrikans erforscht, aber auch im militärischen Kontext oder in Weltraummissionen der NASA.[117] In SWAT-Teams[118], also taktischen Spezialeinheiten der Polizei, wurde nachgewiesen, dass eine rasche Reorganisation von Rollen und Routinen und autonomes Handeln von Teams die Basis für Erfolg sind.[119] Auch bei Notfällen im medizinischen Bereich konnte gezeigt werden, dass der Teamerfolg oft davon abhing, dass Senior Leaders (also zB Chirurgen) ihre Führungsfunktion rasch und nachhaltig an das Team abgaben.[120] Diese „dynamische Delegation" ermöglichte die beste Nutzung individueller Fähigkeiten, sollte aber im Fall von Fehlern wieder zurückgenommen werden. Es deuten also viele Studien darauf hin, dass ein flexibler Wechsel zwischen vertikaler und geteilter Führung zu den besten Ergebnissen führt. In Notfällen bzw unerwarteten Situationen ist daher ein Switchen zwischen verschiedenen Stilen sinnvoll. Eine eigene Erhebung im Rahmen der Flüchtlingskrise von 2015 bei verschiedenen NGOs zeigte, dass geteilte Führung hier in vielen Situationen notwendig war, um Leistungen aufrechtzuerhalten. Sie verdeutlichte aber auch die Notwendigkeit klarer Rahmenbedingungen für die sich selbst führenden Teams, die von der vertikalen Führung (den Führungskräften) sichergestellt werden mussten.[121]

Homeoffice ist zwar keine extreme, aber doch oftmals eine neue Situation. Die genannten Forschungsergebnisse machen deutlich, dass geteilte Führung potenziell unter unterschiedlichsten Bedingungen die Leistung von Teams erhöhen kann. Viele zeigen aber auch, dass es oft sinnvoll ist, vertikale und geteilte Führung zu kombinieren, abzuwechseln oder

---

114 *Lichtenstein/Plowman* 2009; *Ruben/Gigliotti* 2016, 469.
115 ZB *Hildebrandt/Jehle/Meister/Skoruppa* 2013.
116 *Simsa/Totter* 2020.
117 *Gibson/McIntosh/Connelly/Day/Yammarino/Mumford* 2015; *Lindsay/Day/Halpin* 2011; *Buchanan/Hällgren* 2019; *Burke/Shuffler/Wiese* 2018; *Hannah/Uhl-Bien/Avolio/Cavarretta* 2009.
118 Special Weapons And Tactics.
119 *Bechky/Okhuysen* 2011.
120 *Klein/Ziegert/Knight/Xiao* 2006, 598.
121 *Kaltenbrunner/Simsa* 2020; *Simsa/Rameder/Aghamanoukjan/Totter* 2019.

durch vertikale Führung die Bedingungen für Klarheit und Selbstorganisation im Team zu gewährleisten, also eine Balance von Selbstorganisation und organisationaler Klarheit durch Vorgaben der Führungskraft zu schaffen.

Überblick: Klassische versus neuere Führungsansätze

Die folgende Tabelle bietet einen Überblick über die Unterschiede zwischen den klassischen und den neueren Führungsansätzen.

	Klassische Ansätze	Neuere Ansätze
Einflussausübung	Einseitig	Wechselseitig
Führungshandeln	Führungsstil des Vorgesetzten	Führung als Systemleistung
Machtbeziehung	Herrschaft der Führer	Anteil der Geführten, Machtbalancen
Instrument der Zielerreichung	Erfolg abhängig von Führungsstil	Viele Faktoren, vernetzt, zirkulär, viele Alternativen
Merkmal der Persönlichkeit	Eigenschaften der Führungskraft	Zuschreibung durch Geführte
Verständnis von Führung	Formelle Führung, Statik	Informelle, emergente Prozesse, Dynamik
Führungsansätze	Eigenschaftsansatz, Verhaltensansatz, situativer Ansatz, Transaktionale Führung	New-Leadership-Ansätze, systemische Ansätze, virtuelle Ansätze, Transformationale Führung

Abb. 16: Klassische und neuere Führungsansätze. [Quelle: *Lippold, D.*, (2019): Führungskultur im Wandel. Klassische und moderne Führungsansätze im Zeitalter der Digitalisierung. Wiesbaden: Springer Gabler.]

5.3.4. Konsequenzen für die Praxis bei Führung von Mitarbeitern im Homeoffice

Es gibt nicht die eine beste Art, zu führen. Leadership bzw der eigene Führungsstil sind dann erfolgreich, wenn sie zu den Personen und zur Situation passen. Das bedeutet situative Führung. *Goleman* argumentiert auf Basis empirischer Studien[122], dass der Erfolg von Führungskräften stark mit der Zahl der Führungsstile zunimmt, die sie effektiv einsetzen können, also mit ihrer Flexibilität und einem möglichst breiten Handlungsrepertoire.

Für Führungskräfte, die digital führen, also keinen oder wenig direkten persönlichen Kontakt zu Mitarbeitern haben, gilt das vermutlich in besonderem Maß. Unterschiedliche persönliche Situationen und Dispositionen der Mitarbeiter verlangen unterschiedliches Führungsverhalten. In der virtuellen Führung gewinnen der Aufbau von Vertrauen, die konkrete Zielformulierung und die klare Rollen- und Aufgabenverteilung an Bedeutung.[123]

---

122 *Goleman* 2000.
123 *Akin/Rumpf* 2013.

Generell dürften Selbstverantwortung und Selbststeuerung der Mitarbeiterinnen und die flexible Handhabung unerwarteter Probleme im Homeoffice besonders wichtig sein, zumindest bei jenen Mitarbeitern, die mit dem Arbeiten im Homeoffice keine oder geringe Probleme haben sowie strukturiert und motiviert arbeiten. Manche Mitarbeiterinnen wiederum brauchen stärkere Vorgaben und auch Kontrolle.

Die Kunst ist es, ausreichend klare Strukturen, Regeln und Vorgaben bereitzustellen als Basis für möglichst autonomes Handeln der Mitarbeiter. Es gilt also, die passende Balance von Führung und Selbstführung, von Autorität und Partizipation bzw von vertikaler und geteilter Führung zu finden und immer wieder neu zu gestalten. Ein Wechsel in eine Situation mit mehr Distanz, mehr Homeoffice kann jedenfalls eine gute Gelegenheit bieten, das eigene Führungshandeln neu zu überprüfen und anzupassen.

Führungswerkzeug
Elevator-Speech – Mein Führungsstil
Bringen Sie auf den Punkt, wie Sie führen und warum Sie so führen, wie Sie es tun.
Stellen Sie sich vor, Sie würden eine Fahrt im Aufzug dazu nützen, dies einer anderen Person kurz und bündig zu erklären. Wir gehen von einem Hochhaus aus, Sie haben also ein bis zwei Minuten Zeit.

Abb. 17: Elevator Speech. [Quelle: eigene Darstellung]

5.4. Burnout als Thema der Mitarbeiterführung

Burnout ist eine Herausforderung an der Schnittstelle von Beschäftigten, der Führungskraft, der Organisation und auch gesellschaftlicher Regulierungen, etwa im Arbeitsschutz. Letztlich kommt hier allerdings der Führungskraft in der direkten Mitarbeiterinnenführung eine besondere Rolle zu, daher haben wir das Thema diesem Kapitel zugeordnet. Es ist problematisch, dass die Belastungen des Homeoffice in der Regel nicht ausreichend gesehen werden. Thematisiert man Burnout in Zusammenhang mit Homeoffice, dann führt dies oft zu Erstaunen oder Abwertung. Daten zeigen allerdings deutlich spezifische und hohe Belastungen vieler im Homeoffice arbeitenden Personen. Zudem ist es bei Arbeit im Homeoffice für Führungskräfte schwieriger, diese Problematik zu sehen und die Mitarbeiter adäquat zu unterstützen. Daher ist besondere Aufmerksamkeit für das Thema notwendig.

Der Begriff Burnout stammt aus dem technischen Bereich und beschreibt das Aus- bzw Abbrennen von Brennstoffelementen.[124] In Bezug auf das „menschliche Ausgebrannt-Sein" wurde er erstmals in den 1970er-Jahren vom Psychoanalytiker *Freudenberger* [125] verwendet.

Die Weltgesundheitsorganisation (WHO) definiert Burnout als Syndrom infolge von „chronischem Stress am Arbeitsplatz, der nicht erfolgreich verarbeitet wird". Burnout bezieht sich nur auf den Beruf und wird charakterisiert durch

- ein Gefühl von Erschöpfung bzw Auslaugung (energy depletion) sowie
- erhöhte mentale Distanz zur Arbeit, Gefühle von Zynismus oder eine negative Haltung zur Arbeit, ein verringertes Leistungsvermögen.[126]

5.4.1. Verbreitung von Burnout

Einer Repräsentativerhebung[127] in Österreich zufolge, in der 26 einschlägige Studien aus 2016/17 ausgewertet wurden, waren in dem Zeitraum 19 % der Befragten dem Problemstadium, 17 % dem Übergangsstadium sowie 8 % dem Burnout-Erkrankungsstadium zuzuordnen. Nur 52 % waren demnach diesbezüglich völlig gesund.

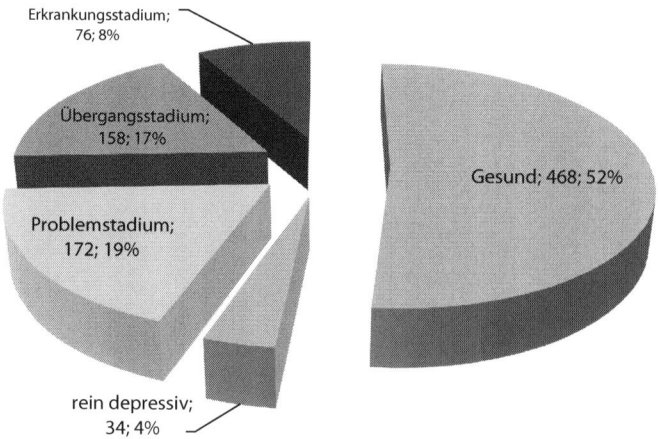

Abb. 18: Häufigkeit des Burnout-Syndroms. [Quelle: *Scheibenbogen, O./Andorfer, U./Kuderer, M.* und *Musalek, M.* (2017): Prävalenz des Burnout-Syndroms in Österreich. Verlaufsformen und relevante Präventions- und Behandlungsstrategien.]

---

124 https://www.news.at/a/Homeoffice-burnout-11561726 (18.01.2020).
125 Vgl *Freudenberger* 1974.
126 https://icd.who.int/browse11/l-m/en#/http://id.who.int/icd/entity/129180281 (18.01.2020).
127 *Scheibenbogen/Andorfer/Kuderer/Musalek* 2017.

Die Autoren der Studie beschreiben die drei Stadien wie folgt:

- Das „Problemstadium" ist vorerst durch eine dem Betroffenen selbst noch unerkannt gebliebene Überlastung und Überforderung gekennzeichnet. Charakteristisch ist hier der noch unbewusste Einsatz von Kompensationsmechanismen wie zeitlich und leistungsmäßig intensivierter Arbeitsaufwand einerseits und verminderte Ruhezeiten bzw Freizeitaktivitäten andererseits. Der Wahlspruch lautet noch: „Ich kann alles …"
- Im „Übergangsstadium" ist der Betroffenen die arbeitsbedingte Überlastung und Überforderung bereits bewusst, sie hat aber den Eindruck, dass „sie noch alles schaffen kann".
- Im „Erkrankungsstadium" fühlen sich die Betroffenen völlig erschöpft und „ausgebrannt". Eine sowohl subjektiv erlebte wie auch objektiv beobachtbare partielle bzw später dann auch absolute Arbeitsunfähigkeit ist die Folge.

5.4.2. Ursachen von Burnout

Burnout resultiert in der Regel aus einer Kombination von äußeren Ursachen und persönlichen Anlagen. Als wesentliche äußere Ursachen für Burnout gelten die folgenden:

- Arbeitsüberlastung über längere Zeit
- Kontrollmangel, das Gefühl fehlender Autonomie und fehlenden Einflusses auf Ergebnisse, mangelnde Ressourcen
- Unzureichende Belohnung, also fehlende Anerkennung oder Entlohnung
- Mangel an Gemeinschaft bzw Zusammengehörigkeitsgefühl oder chronische Konflikte
- Fehlender Respekt und mangelnde Fairness
- Konflikte zwischen den Anforderungen der Arbeit und den persönlichen Werten
- Fehlende Abgrenzung zwischen Beruf und Privatleben
- Schwierige Kooperationspartner und die Zerrissenheit zwischen verschiedenen Erwartungen[128]

Neben diesen äußeren Faktoren gibt es auch persönliche Dispositionen, die für eine Erkrankung ausschlaggebend sind. Zu diesen zählen vor allem die folgenden:

- Hohe Ideale und Ziele
- Perfektionismus
- Schwierigkeiten, Nein zu sagen
- Angst vor Kritik und Versagen, Wunsch nach Anerkennung[129]

5.4.3. Woran erkennt man Burnout – Warnsignale

Es gibt keine einheitlichen Symptome von Burnout, sondern diese sind individuell höchst unterschiedlich. Bei aller Unterschiedlichkeit von Symptomen ist abnehmende Leistungsfähigkeit jedoch ein allgemeines Anzeichen der Krankheit. Die Betroffenen fühlen sich Aufgaben im Alltag nicht mehr gewachsen, verlieren schnell die Konzentration und können schwer abschalten. Ein weiteres generelles Merkmal ist Energie- bzw

---

128 *Sack* 2018.
129 https://www.burnout-fachberatung.de/burnout-syndrom/burnout-ursachen.htm (18.01.2020).

Antriebslosigkeit sowie Distanz zur Arbeit bzw eine generelle negative oder zynische Haltung dem Job, Klienten oder Kollegen gegenüber.

Neben diesen von der WHO festgehaltenen Symptomen,[130] gibt es die folgenden körperlichen Warnsignale[131]:

- Schlafstörungen: Innere Unruhe führt zu Einschlaf- und Durchschlafstörungen.
- Schwindelgefühl, Kreislaufprobleme, Gleichgewichtsstörungen: Wenn eine neurologische Abklärung ohne Befund bleibt, können diese Symptome psychosomatisch und ein Zeichen für Burnout sein.
- Kopfweh: Auch häufige, lang andauernde Kopfschmerzen ohne eindeutige Ursache können ein Hinweis auf eine krankhafte Erschöpfung sein.
- Beschleunigter Herzschlag auch ohne unmittelbaren Anlass kann die Ankündigung eines Burnouts sein.
- Verdauungsstörungen und Übelkeit: Wenn es dazu keine sonstigen Befunde gibt und die Symptome durch gesunde Ernährung nicht verbessert werden, können sie auf Dauerstress zurückzuführen sein.
- Erhöhte Anfälligkeit für Ansteckungen und sonstige Erkrankungen ist ein weiteres Symptom.

5.4.4. Burnout im Homeoffice – Relevanz und Ursachen

Obwohl die meisten Personen, die im Homeoffice arbeiten, damit sehr zufrieden sind und diese Arbeitsform wünschen, gibt es auch spezifische Belastungen. Aus mehreren Gründen kann angenommen werden, dass in manchen Fällen eine erhöhte Gefahr von Burnout gegeben ist. Somit erscheint es jedenfalls sinnvoll, das Thema als Führungskraft im Blick zu behalten.

Burnout auslösende Momente wie die Entgrenzung der Arbeitszeit, dauerhaft zu lange Arbeitszeiten, die Auflösung der Grenzen zwischen Arbeits- und Freizeit sind im Homeoffice stärker als im Büro gegeben (siehe Kapitel 2.3.). So nehmen im Homeoffice tätige Mitarbeiter seltener als Menschen, die im Büro arbeiten, Krankenstand oder Pflegefreistellung in Anspruch. Viele halten Ruhezeiten nicht oder selten ein, und mehr als die Hälfte gibt an, auch zu Zeiten zu arbeiten, an denen sie das sonst nicht tun würden, etwa spätabends oder am Wochenende.[132]

In einer Online-Umfrage des Instituts für Soziologie der Universität Wien[133] gaben etwa 57 % der Befragten an, dass sie auch außerhalb regulärer Arbeitszeiten arbeiteten, nämlich „von früh bis spät". Über 40 % gaben an, dass sie auch außerhalb der vereinbarten Arbeitszeit bzw üblichen Bürozeiten tatsächlich regelmäßig kontaktiert wurden. Ebenso viele fühlen sich verpflichtet, außerhalb der vereinbarten Arbeitszeit erreichbar zu sein. In Deutschland arbeiten Personen im Homeoffice im Schnitt drei Stunden mehr pro

---

130 https://icd.who.int/browse11/l-m/en#/http://id.who.int/icd/entity/129180281 (18.01.2020).
131 https://unternehmer.de/gesundheit/251778-ts-burnout-warnsignale-koerper (18.01.2020).
132 *Zeglovits* 2020.
133 *Flecker/Herr/Schadauer* 2020.

Woche als ihre Kollegen im Büro.[134] Und das Auftreten von Technostress kann diese Belastungen noch verstärken.

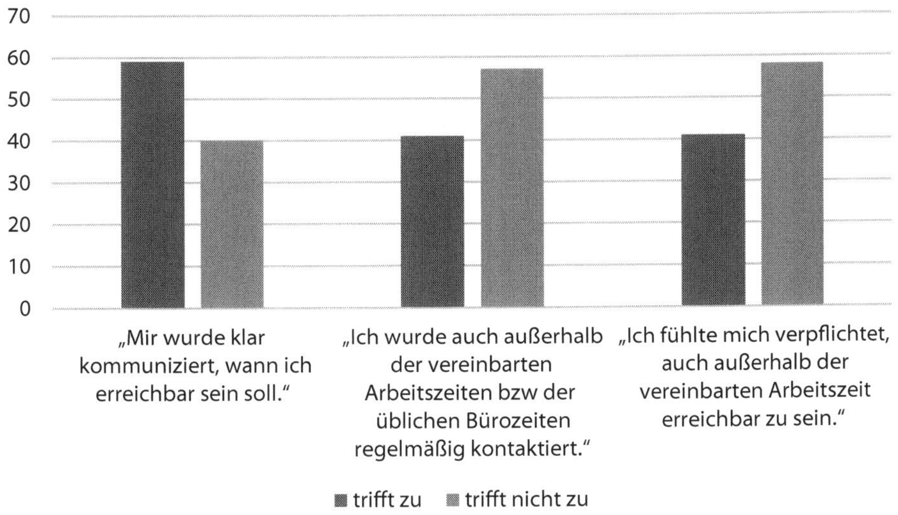

Abb. 19: Erreichbarkeit im Homeoffice, Angaben in Prozent. [Quelle: *Flecker* u.a. 2020.]

Ein weiterer Aspekt im Homeoffice ist die Gefahr der zunehmenden Distanz zu Kolleginnen, die dann auch mit abnehmenden Rückmeldungen zu den eigenen Arbeitsergebnissen einhergeht. Zu wenig Gemeinschaft und zu geringe Anerkennung gelten als wesentlicher Auslöser von Burnout.

In Bezug auf persönliche Prädispositionen, die ebenfalls entscheidend für den Ausbruch der Symptome sein können, kann es relevant sein, dass im Homeoffice häufig weniger Korrektive vorhanden sind als im Büroalltag. Die Burnout-prädestinierte Persönlichkeit kann von der Anwesenheit von Kollegen im Büro profitieren, wenn diese das Überengagement und dessen Auswirkungen beobachten und aktiv werden, was im Homeoffice deutlich weniger passiert.

5.4.5. Maßnahmen zur Vermeidung von Burnout

Maßnahmen zur Vorbeugung von Burnout sind gut dokumentiert, sie betreffen allgemein die Gestaltung von Arbeitsplätzen, die Arbeitszeit, gesundheitsbezogene Maßnahmen am Arbeitsplatz (Früherkennung), Maßnahmen zum Erkennen von Arbeitsunzufriedenheit und -belastung etc.[135]

Einiges davon ist in Kapitel 3 in Zusammenhang mit betrieblicher Gesundheitsförderung angeführt. Für die Vorbeugung von Burnout bei Arbeit im Homeoffice erscheinen uns die folgenden Maßnahmen besonders relevant:

---

134   Vgl *Brenke* 2016, 102.
135   *Scheibenbogen/Andorfer/Kuderer/Musalek* 2017.

Institutionelle Maßnahmen – Was können Führungskräfte bzw die Organisation tun?

- Maßnahmen zur Optimierung eines gesunden Arbeitsplatzes im Homeoffice (Finanzierung geeigneter Arbeitsplätze, Information)
- Ausbau gesundheitsbezogener Maßnahmen bzw Projekte für den Einsatz im Homeoffice (Gesundheitsprojekte, Aufklärung, Bewegungsangebote etc)
- Einsatz von Screening-Instrumenten zur Früherkennung
- Sorgsame Beobachtung und Thematisierung der Einhaltung von Arbeitszeiten bzw angemessener Regenerationsphasen; klare Abgrenzung von Arbeits- und Freizeit vonseiten der Führung
- Angebote der Supervision, Coaching und Teambetreuung (Supervision und Coaching als „Normalfall" und nicht erst in Krisensituationen)
- Ausbau der sozialen Kompetenz der Führungskräfte (unter anderem Weiterbildung in Bezug auf Burnout-Prophylaxe)
- Vermittlung von Selbstmanagement und -motivation (inklusive Zeitmanagement, Problem- und Konfliktlösestrategien)

Persönliche Maßnahmen – Was können Mitarbeiter tun

Hier geht es um die Selbstführung und Selbstfürsorge, vieles davon ist ausführlicher in Kapitel 4 beschrieben.

- Effektiv entspannen lernen und dies regelmäßig anwenden
- Regelmäßige körperliche Bewegung
- Grenzen setzen in Bezug auf Arbeitszeiten, das Arbeitspensum und die Erreichbarkeit
- Hobbys und Freizeitaktivitäten pflegen, die nichts mit der Arbeit zu tun haben.
- Ehrenamtliches Engagement – unbezahlte Tätigkeiten neben der Erwerbsarbeit gelten als protektiver Faktor und reduzieren das Burnout-Risiko
- Sich selbst bewusst belohnen, sich etwas gönnen

Wesentlich ist: Die genannten Maßnahmen beziehen sich auf die Vorbeugung von Burnout. Wenn diese Krankheit eingetreten ist, dann können weder die betroffenen Mitarbeiterinnen noch die Führungskräfte geeignete Maßnahmen treffen. In diesem Fall braucht es professionelle Hilfe. Die Betroffenen müssen ärztlich begleitet werden.

Gesellschaftlich-politische Maßnahmen

Das Thema Homeoffice ist in rechtlicher Hinsicht noch relativ neu. Hier gibt es noch Bedarf an gesetzlicher Regulierung etwa der Arbeitszeit, der Erreichbarkeit, der Überwachung und der Ergonomie des Arbeitsplatzes.[136] Eine gesetzliche Verankerung wesentlicher, dem Burnout vorbeugender Maßnahmen ist nicht nur ein wesentlicher Faktor im Arbeitnehmerschutz, sondern kann auch jene Führungskräfte unterstützen, die gute Arbeitsbedingungen für ihre Mitarbeiter in der eigenen Organisation – und manchmal auch gegen die eigene Organisation – durchsetzen wollen.

---

136 *Flecker/Herr/Schadauer* 2020.

6. Die Zusammenarbeit gestalten im Homeoffice

In diesem Kapitel führen wir Tipps zur Führung von Teams an, also für die Gestaltung und die Regeln der Zusammenarbeit. Der wichtigste Aspekt ist die Organisation der Regelkommunikation, also der geplanten, strukturierten und wiederkehrenden Kommunikation in Organisationen oder Teams unter Bedingungen von Homeoffice. Folgendes ist dabei wesentlich: Es sollte engmaschiger und kürzer kommuniziert werden, der informelle Austausch und Feedback müssen verstärkt geplant und organisiert werden und Regeln für Zeiten der Erreichbarkeit und der E-Mail-Kommunikation sollten vereinbart werden. Ein weiterer wichtiger Aspekt in Zusammenhang mit Homeoffice ist die Gestaltung und Moderation von virtuellen Meetings.

6.1. Zusammensetzung von Teams

Eine wesentliche Einflussmöglichkeit der Führungskraft besteht in der überlegten Zusammensetzung von Teams oder Arbeitsgruppen. In Zusammenhang mit Homeoffice geht es damit va auch um die Frage, wer im Homeoffice arbeiten kann und soll und wer besser im Büro aufgehoben ist.

Zu den inhaltlichen Kriterien, die eine Teamzusammenstellung im Büro bestimmen (welche Kompetenzen braucht es in welchem Thema, welche Ressourcen, …) gewinnt bei Arbeit auf Distanz der soziale Faktor bzw die Eignung für Homeoffice an Bedeutung. Die Gefahr, dass einzelne Mitarbeiter ein Stück „verlorengehen", unbemerkt in Schwierigkeiten geraten, Motivationsdefizite erleiden oder mit ihrer Arbeit schlecht zurechtkommen, ist in einer Situation der verstärkten Distanz größer als im gemeinsamen Büro. Klagten viele Menschen im Office und insbesondere in Großraumbüros darüber, sich nicht ausreichend konzentrieren zu können, so kehrt sich dies mit zunehmendem Homeoffice für viele ins Gegenteil. Konzentriert und in Stille arbeiten gelingt jetzt, dafür fehlt der ungeplante und spontane Austausch, die Entlastung in schwierigen Situationen unter Peers und oft auch die – wohlwollende – Beobachtung und das Nachfragen und die Unterstützung der Kollegen. Fragen Sie sich regelmäßig als Führungskraft, welche Mitarbeiterinnen Unterstützung, Begleitung, Peer-Support oder einfach mehr Kontakt brauchen. Achten Sie besonders darauf, wer möglicherweise zu isoliert arbeitet. Oft sind es die stillen und produktiven Mitarbeiter, die dann plötzlich in Schwierigkeiten schlittern.

6.2. Regeln der Zusammenarbeit

Regeln der Zusammenarbeit sind auch bei Teams, die gemeinsam im Büro arbeiten, ein wichtiges Gerüst für gelingende Kooperation. Dazu gehören Vereinbarungen über die Arbeitsteilung und Schnittstellen, über Prozesse (wer gibt welche Arbeitspakete an wen in welcher Form weiter), über unterschiedliche Rollen und deren Verantwortungsbereiche (wer soll bzw muss was tun) und eine Vielzahl an Spielregeln der Kooperation. Diese bestimmen zum Beispiel den Umgang mit Pünktlichkeit, die Frage, was schriftlich und was mündlich behandelt wird, und auch die informellen Umgangsformen. Manche dieser Regeln sollten jedenfalls explizit vereinbart sein, etwa Zuständigkeiten und verschiedene Rollen. Im gemeinsamen Arbeitsalltag sind allerdings viele dieser Regeln auch implizit, sie entstehen in der Zusammenarbeit und werden oft nicht bewusst wahrgenommen – solange sie eingehalten werden bzw funktionieren.

Zusammenarbeit aus der Distanz verändert das Zusammenspiel von impliziten und expliziten Regeln. Da Aushandlungsprozesse weniger leicht beiläufig im Kontakt stattfinden und Irritationen oder Missverständnisse weniger bemerkt werden, gilt es, weitaus mehr der bewussten Reflexion und Vereinbarung zu unterziehen. Spielregeln der Zusammenarbeit müssen also generell stärker besprochen, explizit vereinbart und gegebenenfalls auch schriftlich festgehalten werden.

6.3. Feedback und Feedback-Kultur im Team

Besondere Bedeutung kommt aus unserer Sicht einer vereinbarten und gelebten Feedback-Kultur im Team zu. Ist es bereits für eine Führungskraft im Büro äußerst herausfordernd, regelmäßig und zeitnah offenes und angemessenes Feedback im Team zu organisieren und als Führungskraft auch selbst auszusprechen und entgegenzunehmen, so wird dies mit räumlicher Distanz nochmals anspruchsvoller.

Basis einer offenen und wertschätzenden Feedback-Kultur sind häufig einfache und klare Vorgangsweisen. So kann die Führungskraft beispielsweise einmal wöchentlich – vielleicht im Jour fixe Ende der Woche – zwei Fragen im Meeting stellen: Wie kommentiere ich meine Leistung dieser Woche und die der anderen: Was war gut? Was würde es besser machen? Diese Feedback-Form ist sehr effektiv, weil sie sich zunächst auf die Dinge konzentriert, die gut erledigt wurden. Sie erhöht zudem die Wahrscheinlichkeit, dass das, was gut gelaufen ist, wiederholt wird. Die Frage, was verbessert werden kann, ist zwar an Problemen orientiert, dabei aber weniger kritisierend als vielmehr lösungsorientiert formuliert und daher eher annehmbar.

In Kapitel 5 haben wir schon auf Spielregeln für wirksames Feedback verwiesen. Die Person, die das Feedback bekommt, sollte demnach zunächst zuhören und versuchen, die Rückmeldung gut zu verstehen, statt sofort in Verteidigungshaltung zu gehen. Dies ist gerade für Führungskräfte wichtig. Feedback von Mitarbeitern ist eine wesentliche Information in Bezug auf das eigene Führungshandeln. Oft tauschen Mitarbeiterinnen ihre Eindrücke von der Führungskraft ja eher informell aus als sie dieser direkt mitzuteilen. Gerade in diesem Fall ist es daher besonders wichtig, das Gesagte möglichst gut verstehen zu wollen und weder sofort in Verteidigungshaltung zu gehen, noch die Person, die das Feedback äußert, abzuwerten oder zu sanktionieren. Nur so kann eine offene Feedback-Kultur im Team entwickelt werden.

Lösungsorientiertes Feedback

Besonders wirksam kann lösungsorientiertes Feedback sein. Lösungsorientiertes Arbeiten beruht auf dem Ansatz von *Steve de Shazer*.[137] Hier geht es grundsätzlich nicht um „Beseitigen" oder „Reparieren" von Problemen und Defiziten, sondern um Entfaltung von Kompetenzen. Es folgt dem Grundsatz: Energie folgt der Aufmerksamkeit. Wenn ich die Aufmerksamkeit demnach auf Potenziale, Stärken und mögliche Lösungswege lege, dann ist dies der Methode zufolge wesentlich effektiver bzw der Entwicklung von

---

137 *deShazer* 2017; 2018.

brauchbaren Lösungen förderlicher, als die Energie auf Probleme, mögliche Hindernisse oder Fehler zu richten.

In Bezug auf Feedback bedeutet das, die Rückmeldungen konsequent daran zu orientieren, was gut funktioniert, welche Beiträge ein Mitarbeiter zur gemeinsamen Aufgabe geleistet hat, und welches Potenzial die Führungskraft bei der Person sieht. Allein die Beschreibung oder Analyse von funktionierendem Verhalten bewirkt oft ein Lernen bzw ein weiteres Ausbauen dieser positiven Verhaltensweise. Dies zeigt ein interessantes Experiment.[138] Menschen, die Bowling spielen lernten, wurden in zwei Gruppen geteilt. Bei Videoanalysen der praktischen Trainingseinheiten wurde der einen Gruppe eine Mischung aus gelungenen und weniger gelungenen Sequenzen des Trainings gezeigt. Der anderen Gruppe wurden konsequent ausschließlich jene Passagen gezeigt, in denen den Probanden etwas gut gelungen war, selbst wenn dies nur Zufallstreffer gewesen waren. Interessanterweise erlernten die Angehörigen der zweiten Gruppe das Spiel wesentlich schneller.

Lösungsorientiertes Feedback folgt also dem Muster:

- Was hat gut funktioniert (bei einem Projekt, einer Zusammenarbeit, in einem bestimmten Zeitraum)?
- Gegebenenfalls: Was kann getan werden, um diese Stärken noch weiter auszubauen? (Zum Beispiel: Was können wir tun/können Sie tun, um 5 Prozentpunkte besser zu werden?)

Darüber hinaus empfiehlt es sich, regelmäßiges Feedback in persönlichen Gesprächen der Führung mit jedem einzelnen Mitarbeiter zu institutionalisieren. Solche Vier-Augen-Gespräche sind für Leadership im Homeoffice unerlässlich und jedenfalls häufiger abzuhalten als im Büro. Wir empfehlen hier unbedingt konsequent eine vereinbarte Taktung einzuhalten – unabhängig davon, wie sich der Alltag entwickelt.

6.4. Regelkommunikation

Die Gestaltung der regelmäßigen Meetings und anderer Kommunikationskanäle ist in jeder Organisation ein wichtiges und ständig zu überarbeitendes Thema. Bei Homeoffice gelten besondere Bedingungen für diese Regelkommunikation.

Die Herausforderung: In Kontakt bleiben

Regelkommunikation bezeichnet die geplante, strukturierte und wiederkehrende Kommunikation in Organisationen. Mit Zunahme von Distanzarbeit und Homeoffice sind alle Vereinbarungen, die diese Regelkommunikation betreffen, jedenfalls zu hinterfragen und anzupassen. Eine große Gefahr besteht darin, dass Führung auf Distanz zu Laissez faire oder zumindest zu mangelnden Kontakten führt. Wir hören oft von Mitarbeitern, die sich im Homeoffice alleine gelassen und isoliert fühlen. Es ist für Führungskräfte jedenfalls sehr herausfordernd, auch auf die Distanz kontinuierlich den Kontakt zu halten und Präsenz zu zeigen. Die „goldene Regel" lautet, Kontakte engmaschiger zu organisieren.

---

138 *Kirschenbaum/Ordman/Tomarken/Holtzbauer* 1982.

6.4.1. Mündliche Kommunikation – Besprechungen und Jour fixes

Ein Kernelement jeder Regelkommunikation sind Jour fixes. Dauer und Rhythmus solcher regelmäßigen Besprechungen sind abhängig von Arbeitsinhalt, Teamgröße, Schnittstellen etc. Aber eines gilt in Bezug auf Führung im Homeoffice mit Sicherheit: Jour fixes sollten deutlich häufiger, aber auch deutlich kürzer gestaltet werden als bei Arbeit im gemeinsamen Büro.

Viele Abteilungen oder Teams, die auf Distanz arbeiten, sehen großen Sinn darin, den Tag regelmäßig gemeinsam zu beginnen. Eine kurze morgendliche Tele-Konferenz dient dazu, den Kontakt herzustellen, täglich Ziele zu besprechen, Aufgaben zu verteilen und einen positiven Startpunkt zu setzen. So bleiben alle auf dem Laufenden und das Team verliert sich nicht aus den Augen. Damit werden Mitarbeiterinnen auch subtil dazu zu bewegt, arbeitsadäquat gekleidet zu erscheinen. Das gibt dem Tag mehr Struktur und signalisiert dem Gehirn, dass nun die Arbeit beginnt. Eine interessante Form ist es, diesen Morgen-Jour-fixe als kurzen Stand-up-Videotreff abzuhalten.

In manchen Abteilungen hat sich auch die Regel etabliert, zweimal täglich ein kurzes Meeting abzuhalten, also eines zu Arbeitsbeginn und eines am Abend, wo Fortschritte oder offene Fragen besprochen werden.

Wichtig ist es, Jour fixes explizit zu regeln. Es muss klar definiert werden (im Team oder durch die Führungskraft), wann und wie oft das Team zusammenkommt und welche Kollaborationstools genutzt werden.

Dokumentation von Ergebnissen

Ein wesentlicher Aspekt jeder Regelkommunikation ist die laufende und übersichtliche Dokumentation von Vereinbarungen und To-dos.

In Bezug auf die Ergebnisdokumentation bringt die Telearbeit eher Vor- als Nachteile mit sich, ist es doch jederzeit einfach und für alle transparent, ein Dokument am Bildschirm zu teilen und gemeinsam zu bearbeiten. Das kann eine simple Liste offener Punkte oder auch ein anregend gestaltetes Kanban-Board sein.

6.4.2. Schriftliche Kommunikation – Umgang mit E-Mail

Die schriftliche Kommunikation, in den meisten Fällen per E-Mail, hat in den vergangenen Jahrzehnten deutlich zugenommen. Wir alle kennen die Vor- und Nachteile dieser Entwicklung. Mehr Homeoffice führt zu mehr E-Mails. Drei Aspekte des Umgangs mit E-Mails wollen wir daher für die Arbeit im Homeoffice besonders hervorheben:

- Nutzung der cc-Funktion: Thematisieren und vereinbaren Sie mit Ihrem Team sehr konsequent die Nutzung der cc-Funktion. Wann macht es Sinn, jemanden in cc zu setzen und wann nicht. Generell bedeutet die direkte Adressierung einer Person als Empfängerin, dass eine Aktion/Antwort erwartet wird. Wird jemand in cc gesetzt, ist dies als pure Information zu sehen. Wenn hier ein sauberer Umgang in der Praxis erfolgt, dann entwickelt sich die Zusammenarbeit mit Sicherheit produktiver.
- Die Erreichbarkeit: Es empfiehlt sich, feste Zeiträume zu vereinbaren, in denen Mitarbeiter per Mail erreichbar sein sollen (das gilt auch für telefonische Erreichbarkeit).

Wir haben oft erlebt, wie wirksam die Regel ist, außerhalb dieser Zeit keinerlei Mails zu senden. Wer außerhalb der vereinbarten Zeiten arbeitet, speichert alles als Entwurf und versendet oder aktualisiert erst dann wieder, wenn die vereinbarte Zeit beginnt. Gerade die Führungskraft selbst sollte hier konsequent mit gutem Beispiel vorangehen.

- Das Subject – Betreff der E-Mail: In der Kommunikation zwischen gleichen Personen wird oft dieselbe Titelzeile beibehalten, auch wenn sich das Thema der E-Mail längst verändert hat. Das erschwert das Auffinden einer speziellen E-Mail. Es braucht weniger Zeit, den Betreff jeweils zu aktualisieren, als danach lange zu suchen.

6.5. Virtuelle Meetings

Die Ausgangssituation in unseren Breiten ist eine schwierige. Ein Gutteil der Menschen bevorzugt den persönlichen Kontakt gegenüber virtuellen Treffen. Mit der Covid-Krise ist die Hemmschwelle zwar bei vielen Menschen deutlich geringer geworden, dennoch gibt es Skepsis.

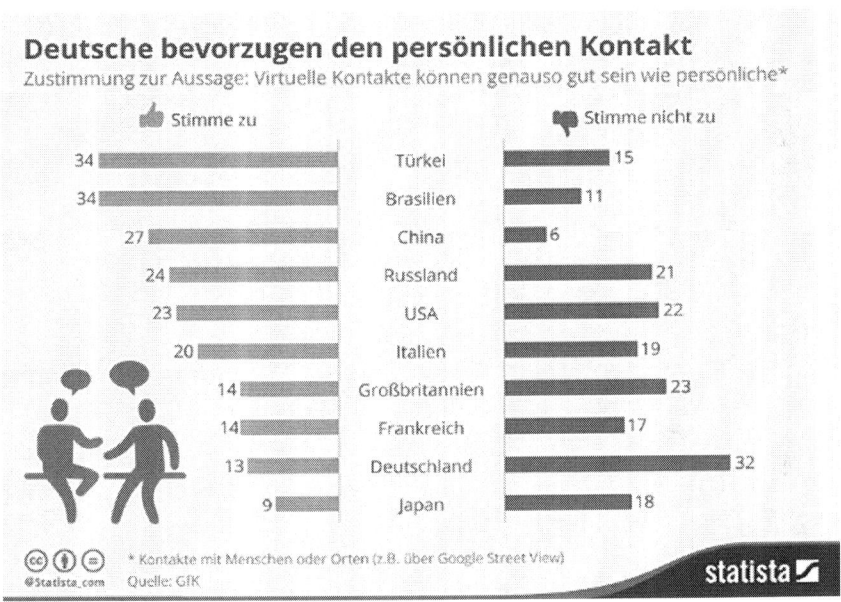

Abb. 20: Akzeptanz von virtuellen Kontakten. [Quelle: https://de.statista.com/infografik/4452/bewertung-virtueller-interaktionen-mit-personen-oder-orten/ (9.12.2020).]

Virtuelle Meetings haben im letzten Jahr enorm zugenommen. Die Kompetenz im Umgang mit den Technologien ist sprunghaft gestiegen und viele Vorteile dieser Formate werden deutlich. Man spart Wegzeiten. Besprechungen, für die man früher oft auch einmal einige Stunden unterwegs war, werden nun leichter in den virtuellen Raum verlegt. Teilnehmerinnen, die im Ausland arbeiten, deren Expertise aber gefragt ist, können leicht einbezogen werden. Gleichzeitig hat sich im Zuge der Covid-Pandemie rasch auch eine weitreichende Müdigkeit in Bezug auf Telekonferenzen entwickelt, sodass bereits von einem neuen Phänomen, der „Zoom fatigue" gesprochen wird.

Videokommunikation erfordert mehr Anstrengungen, um nonverbale Informationen zu verstehen, da Körpersprache, Gesichtsausdruck oder Stimmlage schwieriger zu deuten sind. Eine weitere Herausforderung ist der Umgang mit Stille, mit Gesprächspausen. In analogen Konversationen bedeuten diese natürliche Pausen, bei virtuellen Meetings werden sie als unangenehm erlebt. Obwohl über die Kamera nur weniger von uns zu sehen ist, als bei analogen Meetings, fühlen wir uns dennoch tendenziell eher beobachtet, nicht zuletzt beobachten wir uns auch ständig selbst. Dies alles führt auch dann zu Ermüdung, wenn die Technik perfekt funktioniert, was natürlich nicht immer gegeben ist und damit zu noch mehr Anstrengung führt.

Virtuelle Meetings sind also anstrengend. Was ist daher beim Design und der Moderation von virtuellen Meetings zu beachten?

Pausen bewusster einplanen

Eine der wichtigsten Regeln in Bezug auf Meetings im Homeoffice sind Pausen. Dazu eine interessante Erfahrung aus einem anderen Lebensbereich: Tennisprofis berichten, dass sich ihr Erleben von Turnieren in der Covid-Zeit durch die Geisterspiele ohne Zuschauerinnen deutlich verändert hat – was nicht weiter überrascht. Ein Aspekt, den zunächst aber kaum jemand bedachte, ist, dass in diesen Matches nun auch die vielen kleinen Pausen wegfallen, die durch Unruhe unter den Zuschauern entstehen (inklusive der häufigen „Quiet, please"-Rufe der Schiedsrichterinnen). Meist wurden diese vielen kleinen Unterbrechungen als unliebsame Störungen der Konzentration der Spieler betrachtet. Nun wurde deutlich, wie wichtig diese kurzen unfreiwilligen Pausen für die Spieler sein können. Auch im Homeoffice kommt es zu weniger natürlichen Auszeiten wie den Kaffeeautomaten-Momenten. Vieles an Ablenkung und an erzwungenen Pausen (zB Wechsel in den Meetingraum) fällt weg und das kann – oft auch unbemerkt – zu Ermüdung bis zu Erschöpfung aufgrund fehlender Erholungsmomente führen. Es gilt also in Online-Meetings und auch dazwischen sehr bewusst, sehr konsequent und beharrlich immer wieder kurze Pausen einzubauen. Planen Sie Pausen während des Meetings und Pausen zwischen den Meetings!

Kurze Meetings

Virtuelle Meetings sind anstrengender als Meetings in Präsenz. Sie sollten nicht länger als 60 bis 90 Minuten dauern. Wenn dies nicht ausreicht, dann muss die Besprechung auf mehrere Sitzungen verteilt werden.

Gruppendynamik

Konflikte sind weniger sichtbar und in virtuellen Meetings viel schwerer auszutragen, als in Face-to-face-Situationen. Es ist daher als Führungskraft wichtig, auf Schweigen und subtile Anzeichen von Konflikten zu achten (zB auf Menschen, die scheinbar mitmachen, aber im Tonfall zögerlich sind). Es empfiehlt sich zudem, regelmäßig kurze Abfragen zur Stimmung zu machen, zum Beispiel in Form eines Blitzlichts, mit Skalierungsfragen (das geht auch elektronisch) oder mittels Handzeichen.

Meeting-Hygiene

Führen im Homeoffice erzwingt eine Verbesserung der „Meeting-Hygiene". Alle Tugenden der Meetingführung, die seit Jahrzehnten beschworen werden, gewinnen hier nochmals deutlich an Bedeutung: Pünktlichkeit, Vorbereitung, eine vorab verteilte Agenda, gute Moderation, aussprechen lassen, Respekt, kurze und fokussierte Wortmeldungen. Ein Teil eines Meeting-Knigge kann sein, dass grundsätzlich alle Teilnehmenden die Kamera aktivieren, dies erhöht die Konzentration und macht Körpersprache und Mimik erkennbar. Dies ist für Meetings mit bis zu etwa 20 Personen gut möglich.

Online-Kommunikation führt in vielen Organisationen dazu, dass diese Meeting-Hygiene steigt. Weiters nimmt die wahrgenommene und gelebte hierarchische Distanz ab. Persönliche Begegnungen werden unkomplizierter und eine Arbeit auf „Augenhöhe" wird wahrscheinlicher.

Ein wichtiger Aspekt der Meeting-Hygiene ist der Umgang mit Aufmerksamkeit in virtuellen Meetings. Hier lohnt sich in vielen Organisationen die Weiterentwicklung der Kultur bzw die Entwicklung von Formen der Zusammenarbeit: Wann wird die Bildfunktion aktiviert? Was darf wann nebenher getan werden? Wann verpflichten wir uns zu 100 % Aufmerksamkeit?

Eine Studie von Microsoft Kanada aus 2015 besagt, dass unsere Aufmerksamkeitsspanne nur noch acht Sekunden beträgt – im Jahr 2000 waren es noch zwölf Sekunden –, während die Aufmerksamkeitsspanne von Goldfischen immerhin neun Sekunden beträgt.[139] Selbst wenn diese oft zitierte Studie wissenschaftlich nicht ganz fundiert ist, deutet sie dennoch auf ein unbestreitbares Problem hin: Die menschliche Aufmerksamkeitsspanne befindet sich im Wandel. Wir sind von Reizen überflutet (Menschen schauen im Schnitt über 250 Mal am Tag auf ihr Smartphone). Die Möglichkeit, alles nachzuschauen bzw von mobilen Devices an Termine und Verpflichtungen erinnert zu werden, führt zum Nachlassen des Gedächtnisses – ein Phänomen, das als digitale Demenz bezeichnet wird. Multi-Screening oder die Nutzung sozialer Medien verringern die Wahrscheinlichkeit, sich auf eine Sache zu konzentrieren.

Die Studie zeigte aber auch, dass Menschen, die sich häufig mit digitalen Medien auseinandersetzen, Informationen intensiver und effizienter aufnehmen sowie Relevantes schneller herausfiltern. Dennoch ist die Neigung zu Ablenkung und Multitasking in vielen Situationen ein Problem. Manche Organisationen definieren in ihren Codes of Conduct auch jene Situationen, in denen völlige Konzentration auf eine Sache gewünscht ist. Oft wird es aber auch akzeptiert, dass ein Mitarbeiter auch während eines wichtigen Meetings spazieren geht oder Wäsche aufhängt, da er dabei vielleicht besser nachdenken kann. Wichtig ist jedenfalls die Etablierung gemeinsamer Spielregeln und Übereinkünfte.

Aktivierung der Teilnehmenden

Bei virtuellen Meetings ist es herausfordernd, eine ausgewogene Teilnahme herzustellen; Nichtinvolvierte können leicht wegdriften, während eine Kerngruppe ihre Themen diskutiert. Stille Personen werden im virtuellen Raum leichter vergessen. Es ist Aufgabe der Führungskraft, dies durch gezielte Moderation zu vermeiden.

---

139 https://onlinemarketing.de/unternehmensrichtlinien/aufmerksamkeit-goldfisch-mythos (30.11.2020).

Die folgenden Instrumente sind zur Aktivierung gut geeignet:

- Einstiegsrunde mit Mini-Status-quo: Jedes Teammitglied erhält ein oder zwei Minuten Redezeit (wenn eine Person nichts zu sagen hat, wird das Wort weitergegeben).
- Blitzlicht: Jede Person gibt ein kurzes Statement ab zu bestimmten Fragestellungen (inhaltlich, zur Stimmung, zur letzten Woche …).
- Strukturierte Abfragen: Dazu eignen sich besonders elektronische Abfragen. Sie können sich ebenfalls auf inhaltliche oder persönliche Punkte beziehen. Im Folgenden einige Beispiele für solche Abfragen:
  - Eine Zahl zwischen 0 und 10: Wie zufrieden bin ich mit der Entwicklung des Projekts (oder mit unserer Zusammenarbeit in dieser Woche, mit den Schnittstellen, mit unserer Meetingstruktur etc)?
  - Ein elektronisches Voting für eine von mehreren Alternativen
  - Jeder gibt Vor- und Nachteile einer angedachten Lösung in den Chat ein.
- Kurze breakout groups: In Kleingruppen können sich die Teilnehmer kurz auf einen Agenda-Punkt vorbereiten, einen Vorschlag diskutieren oder Lösungsideen erarbeiten.

Die unterschiedliche Aktivität von Mitarbeitern kann auch durch verschiedene Bedingungen bedingt und verstärkt werden. Etwa wenn die technische Ausstattung unterschiedlich ist oder manche Mitarbeiterinnen vor Ort sind und andere virtuell am Meeting teilnehmen. Grundsätzlich gilt: Die Moderation muss sich an dem Mitglied mit den schlechtesten Bedingungen orientieren.

Generell sind virtuelle Meetings oft langweilig. Auch deswegen empfiehlt sich die regelmäßige aktive Einbindung der Remote-Arbeitenden, sodass diese aktiv und fokussiert bleiben. Es spricht auch nichts dagegen, die Teilnehmenden zu motivieren, einmal kurz aufzustehen und sich zu bewegen.

Digital Energizer

Das sind kleine Auflockerungen, die Energie und Konzentration fördern. Sie können an jeder Stelle eines Meetings eingeschoben werden. Sehr gut funktionieren sie zu Beginn von Meetings und in Phasen von Ermüdung. Viele Personen zeigen diesbezüglich eine gewisse Scheu. Wir haben damit allerdings immer sehr gute Erfahrungen gemacht – nach dem Motto: „Probieren wir doch für ein paar Minuten mal was anderes." Beispiel für solche Digital Energizer finden Sie im Führungswerkzeug am Ende von Kapitel 6.

Moderation

Grundsätzlich gilt für die Moderation virtueller Meetings dasselbe, wie sonst auch. Aufgaben der Moderatorin sind es, auf Zeit und Rahmen zu achten, die Inhalte zu strukturieren und auf einen roten Faden zu achten, das Meeting gut vorzubereiten, für eine Tagesordnung und die richtigen Teilnehmer zu sorgen, die Rednerinnenliste zu verwalten etc.[140] Wir geben im Folgenden einige Anregungen, die sich speziell in virtuellen Meetings bewährt haben.

---

140   Vgl *Maier/Simsa* 2019.

Das Wort weitergeben

Bei einem morgendlichen Status-quo-Bericht oder einem Blitzlicht entscheidet die Sprecherin, an wen sie das Wort weitergibt. Das ist nützlich, weil man im virtuellen Meeting nicht per Blickkontakt kommunizieren kann, man bei größeren Gruppen auch schnell aus dem Blick verliert, wer aller da ist, und auch, weil die Aufmerksamkeit leicht wegdriftet. Beim expliziten Weitergeben des Wortes entsteht ein natürlicher Fluss, man muss sich vergegenwärtigen, wer aller da ist, und man muss sich konzentrieren – wer war noch nicht dran?

Kurze Online-Abfragen

Der virtuelle Rahmen bietet sich an für die Nutzung von Online-Tools (zB Mentimeter oder Slido), etwa für Brainstormings oder rasche Punkteabfragen.

Generell eher direktiver moderieren

Da Blickkontakt und Körpersprache und damit die unmittelbare Abstimmung im Team online weitgehend wegfallen, muss tendenziell direktiver moderiert werden, dh Teilnehmer explizit angesprochen werden.

Breakout groups

Die meisten Systeme erlauben es, die Teilnehmer spontan in Untergruppen zusammen zu bringen, und oft gibt es auch eine Funktion, die zufällige Auswahl dem Tool zu überlassen. Auch ein Meeting von nur einer Stunde kann so unterbrochen werden, Personen kommen intensiver in Kontakt und es bietet zudem den Überraschungseffekt, mit wem man sich plötzlich in einer Gruppe wiederfindet.

Nutzung der Chatfunktion

Parallel zur gesprochenen Information können Teilnehmer auch in den Chat schreiben. Dies kann für kurze Stimmungsabfragen ebenso genutzt werden, wie für komplexere Informationen.

Einplanen eines Zeitpuffers für den Beginn

Planen Sie einen Zeitpuffer ein, bis alle Teilnehmerinnen besprechungsbereit sind. Oft hat das Einwählen ein paar Tücken und manche Teilnehmer müssen einen zweiten Anlauf nehmen. Diese Wartezeit kann bewusst für Smalltalk genützt werden.

Screensharing

Sehen und hören ist besser als nur hören. Alles, was die Inhalte der Besprechung visuell unterstützt, sollte daher durch „Screensharing" geteilt werden. Das gilt für alle Personen, die während eines Meetings präsentieren, und ist selbst dann sinnvoll, wenn die Unterlagen schon vorweg verschickt wurden. Ein geteilter Bildschirm fokussiert die Aufmerksamkeit auf das, was gerade besprochen wird.

6.6. Kommunikation muss organisiert werden – auch die informelle

Im Homeoffice kann Kommunikation kein Zufallsprodukt mehr sein. Was nicht geplant, organisiert und verfolgt wird, das wird auch in den meisten Fällen nicht stattfinden. Daher gilt es im Homeoffice auch den informellen Austausch zu organisieren. Nicht zielgerichtete, informelle Kommunikation ist für die gemeinsame Arbeit und Zusammengehörigkeit oft ebenso wichtig, wie Information und Koordination fachlicher Agenden.

Manche Führungskraft organisiert dazu virtuelle Kaffeepausen, andere bemühen sich um Sequenzen für informellen Austausch in den regelmäßigen Meetings. Wichtig erscheint jedenfalls, gemeinsam ein Kommunikationstool für den informellen Austausch, für die spontane Kommunikation zu vereinbaren, zu installieren und zu pflegen (wie zB Slack, Yammer, Microsoft Teams oder auch SMS oder WhatsApp-Gruppen). In Bezug auf die technischen Grundlagen der informellen Kommunikation kann die Führung beobachten, welches Tool und welche Formen sich im Team etablieren, und nur wenn nötig steuernd eingreifen.

In Bezug auf die Organisation der informellen Kommunikation empfehlen wir der Führungskraft, sich aktiv einzubringen, ist diese doch eine wichtige Grundlage dafür, zu spüren, was im Team vorgeht, wie die Stimmung und die Dynamiken sind. Wenn die Führungskraft hier nicht aktiv wird, dann ist die Gefahr groß, dass das Informelle nur unter den Mitarbeitern selbst stattfindet oder – genauso problematisch – dass es gar nicht stattfindet.

6.7. Die Balance von Zuviel und Zuwenig

Wir haben bislang eher die Notwendigkeit ausreichender, regelmäßiger Kommunikation betont. Es gibt allerdings immer wieder auch Situationen, in denen Mitarbeiterinnen über zu viel Kommunikation im Homeoffice klagen, sie führen das dann meist auf mangelndes Vertrauen der Führungskraft zurück.

Auch zu viel Kommunikation kann die Leistung verringern. In der Forschung bezeichnet man die Dichte an Kommunikation als Konnektivität. Das Paradox der Konnektivität erklärt den Zusammenhang von Kontaktdichte und Performance. Kurz gesagt: Sowohl zu viel als auch zu wenig Kontakt wirkt negativ auf die Leistung.[141]

Zu wenig Kontakt bezeichnet man als Hypo-Konnektivität, das richtige Maß an Austausch als Requisite- und zu viel Kontakt als Hyper-Konnektivität. Bei Hypo-Konnektivität besteht eine zu geringe Verbindung zwischen Teammitgliedern. Sie äußert sich etwa in der Nichtteilnahme an virtuellen Meetings oder einer schlechten Erreichbarkeit, mit negativen Auswirkungen auf die Leistung. Requisite Connectivity bedeutet ein ideales Level an Kommunikation, hier ist die höchste Performance erreichbar. Bei der Hyper-Connectivity haben Mitarbeiter das Gefühl, ständig erreichbar sein zu müssen, was neben Misstrauen zu Ablenkungen und Informationsüberflutung und in der Folge wiederum zu geringerer Produktivität und Leistung führt.[142]

---

141   *Kolb/Collins/Lind* 2008.
142   *Jost* 2020; *Kolb/Collins/Lind* 2008.

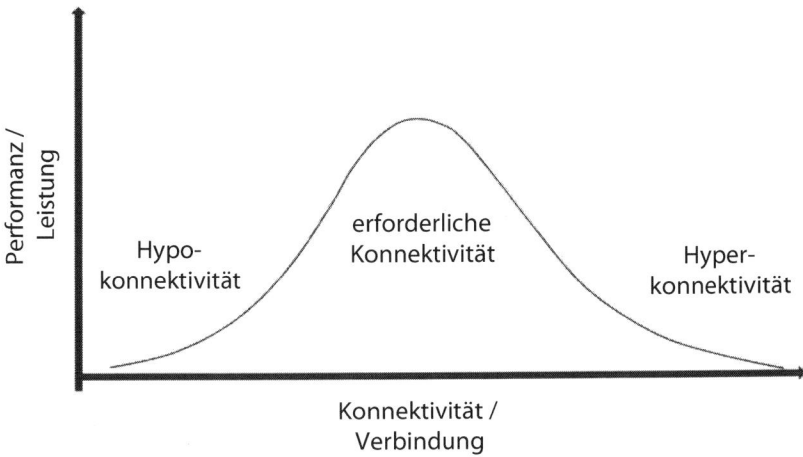

Abb. 21: Zusammenhang von Konnektivität / Verbindung und Performanz / Leistung [Quelle: Zonen der Konnektivität nach *Kolb/Collins/Lind* (2008), https://medium.com/zero360/das-paradox-der-konnektivität-d290fa168c51 (10.6.2020)].]

Eine für das Team optimale Häufigkeit und Dauer muss herausgefunden werden, durch Ausprobieren, gemeinsames Reflektieren und Verändern. Dies mag selbstverständlich klingen, in der Praxis zeigt sich aber häufig, dass eingespielte Routinen zu wenig hinterfragt werden, obwohl sie für das Team eigentlich nicht passen.

6.8. Team-Events

Je mehr Homeoffice und je mehr Distanz, umso bedeutender werden vermutlich Team-Events. Unsere Erfahrung mit vielen solchen Events war beinahe immer, dass sie dann gut angenommen werden, wenn sie aus dem Team heraus entstehen und auch aus dem Team heraus geplant und organisiert werden. Das enthebt die Führungskraft aber nicht ihrer Verantwortung, auch hier aktiv zu gestalten. Wir sehen hier zwei wesentliche Aufgaben für Führungskräfte:

Erstens: Beobachten Sie aufmerksam und kontinuierlich, welche Aktivitäten sich in Selbstorganisation im Team ergeben; achten Sie darauf, dass alle Mitarbeiterinnen eingebunden sind. Wenn das Team passende Formen findet, dann brauchen Sie nicht zu intervenieren. Beobachten Sie aber abnehmende oder gar keine Aktivität, dann sollten Sie Angebote und Vorschläge unterbreiten. Je mehr in Distanz gearbeitet wird, umso bedeutsamer sind soziale Aktivitäten wie Ausflüge, Feiern, gemeinsame kulturelle oder sportliche Aktivitäten etc für den Teamzusammenhalt.

Zweitens: Sorgen Sie dafür, dass der Rahmen für solche Aktivitäten vorhanden und möglichst großzügig gesteckt ist. Organisieren Sie nach Möglichkeit einen Budgetrahmen, über den das Team verfügen kann, und regeln Sie die Rahmenbedingungen (was gilt als Arbeitszeit, was ist verpflichtend und was freiwillig, wer ist wofür zuständig etc).

Führungswerkzeug

Digital Energizer in virtuellen Meetings – Auflockerungen, die Energie und Konzentration fördern

- Alle Teilnehmer aktivieren die Videofunktion und tragen dafür Sorge, dass gleichzeitig alle am Bildschirm sichtbar sind (erfreulicherweise ist das mittlerweile bei allen namhaften Anbietern von Videokonferenztools möglich): Alle Teilnehmerinnen werden aufgefordert, beide Ellbogen an ihre Bildränder zu halten, dadurch ergibt sich ein annähernd geschlossener Kreis. Dasselbe funktioniert mit jeweils senkrecht gehaltenen, flachen Händen. Diese Auflockerung kann an jeder Stelle eines Meetings eingesetzt werden und dient nebenbei auch gleich als Aufmerksamkeitstest.
- Jeder stellt seinen Lieblingsplatz in der Wohnung vor (entweder indem das Notebook oder das Mobiltelefon durch die Wohnung getragen wird – falls es technische Schwierigkeiten gibt, reicht auch ein Foto).
- Eine Person gibt eine kleine Aufgabe vor, die alle gleichzeitig ausführen (berühren etwas aus Glas, gehen um den Stuhl, kreisen die Schultern, gehen kurz zur Wohnungstüre …). Danach gibt diese Person den Ball an die nächste Person, die eine neue Aufgabe vorgibt.
- Das Team versucht einen unsichtbaren Ball am Bildschirm von Person zu Person weiterzugeben. Da die Anordnung der Personen auf jedem Schirm unterschiedlich ist, wird die Übung herausfordernd.
- Eine kleine Gymnastikübung, die alle gleichzeitig ausführen – ob im Sitzen oder im Stehen, zum Beispiel: Arme kreisen in gegensätzlicher Richtung; ein imaginärer Ball wird einmal unter dem linken, dann unter dem rechten Knie durchgegeben und dazwischen hochgestreckt …
- Jeder Teilnehmer fotografiert seinen Schreibtisch, einer sammelt alle Fotos und nun raten alle, wem welcher Schreibtisch gehört.
- Spielen Sie online Schnick Schnack Schnuck, also Schere, Stein, Papier. In der Live-Version gewinnt einer. In der Online-Version ist das Ziel hingegen, dass alle zusammen das gleiche Zeichen machen. Es wird so lange gespielt, bis alle das gleiche Symbol zeigen – ohne Absprachen, versteht sich.

Führungswerkzeug

Inspirierende Designelemente für digitale Meetings

Oft sind es nur ganz kleine Unterbrechungen der Routine, die schon einen spürbaren Unterschied machen. Es braucht vielleicht ein bisschen Mut, diese unkonventionellen Übungen anzuregen, lohnt sich jedoch bestimmt. Jede Moderatorin hat für Präsenzmeetings so ein „Kistchen" im Kopf und zieht bei Bedarf. Im Folgenden ein paar Inhalte dieser Schatzkiste für Online-Meetings:

- Alle Teilnehmer werden vorab informiert, dass das nächste Meeting mit einer Runde beginnt, wo jeder seinen „Signature Drink" in einem Glas oder Becher mitbringt und den Grund dafür nennt. So werden Tageszeit, Stimmung etc transportiert und jeder kann eine persönliche Note einbringen.
- Jeder wird aufgefordert, einen Gegenstand auszuwählen, den er bei Wortmeldungen hochhebt, anstatt die Hand zu heben. Zu Beginn zeigt jeder seinen Gegenstand und erklärt, warum er gerade diesen ausgewählt hat.
- Jeder Teilnehmer wird aufgefordert, kurz den Blick aus dem Fenster zu beschreiben (wo bin ich gerade und was sehe ich?)
- Die Website https://tscheck.in stellt nach dem Zufallsprinzip Fragen wahlweise für eine Check-in- und eine Check-out-Runde. Man kann jeden Teilnehmer auffordern, die nächste Person auszuwählen, dann auf „shuffle" drücken für eine neue überraschende

Frage. Oder der Moderator liest die nächste Frage vor und fragt in die Runde, wer diese Frage beantworten möchte, bis alle an der Reihe waren.

- Ein Kollege hat einen Bogen mit ausgewählten Statements, die sehr häufig in Videokonferenzen fallen, entworfen, diesen Bogen an alle Teilnehmer vorab versendet und sie ersucht, den Bogen auszudrucken, die Karten auszuschneiden und bei Bedarf in die Kamera zu halten (siehe Abbildung 22). Seine Statements auf den Karten lauten zB
  - Bitte lauter sprechen.
  - Lasst uns das abstimmen.
  - Du bist auf stumm geschaltet.
  - Wie wär's jetzt mit einer Pause?
  - Das sollten wir dokumentieren.
  - I ch h ör eee eu ch n urr och abge h k t.
  - Bitte Mikro ausschalten.

Man kann die Teilnehmer in fortgeschrittenen Meetings auch ermuntern, weitere eigene Karten zu entwerfen und bei Bedarf hochzuheben.

- Eine Unterbrechung in Bewegung. Die Moderatorin organisiert eine paarweise Zusammensetzung der Teilnehmer. Diese Zweierteams erhalten den Auftrag, aus dem Meeting auszusteigen und sich am Mobiltelefon anzurufen und zu einer vorab gestellten Frage oder Thematik auszutauschen. Die Paare werden ermuntert, diese Sequenz jedenfalls im Gehen – idealerweise, wenn irgend möglich, im Freien – abzuhalten.
- Brainstorming im Chat. Das Meeting wird unterbrochen. Die Kamerafunktion wird bei allen deaktiviert und alle konzentrieren sich auf den Gruppenchat. Der Moderator stellt eine Frage oder definiert das Thema und alle sind angehalten, für eine definierte Zeitspanne ausschließlich im Chat zu antworten oder auf andere Einträge zu reagieren.

Abb. 22: Moderationskarten für digitale Meetings. [Quelle: eigene Darstellung]

7. Aufgaben und Ziele erfüllen im Homeoffice

Dieses Kapitel betrachtet die Definition von Zielen und Benchmarks im Homeoffice sowie Besonderheiten von Kontrolle und Evaluation. Auch Möglichkeiten des Vorschlagswesens und Ideenmanagements sowie der Umgang mit Datensicherheit und Fehlern werden diskutiert. Da sich bei Homeoffice weniger Möglichkeiten der persönlichen Absprache ergeben, sollte die Definition von Zielen jedenfalls expliziter und noch klarer erfolgen. Neben diesen auch an Details orientierten Aspekten kann auch ein gut formulierter und geteilter Purpose der Organisation Orientierung bieten.

Im Mittelpunkt dieses Aufgabenfelds von Führung stehen die klare Definition von Zielen, das Entwickeln von einfachen Kennziffern, das laufende Messen und Reporten dieser Kennziffern, Fehlermanagement und Vorschlagswesen. Generell halten wir es für essenziell, zunächst mit einzelnen Mitarbeiterinnen oder auch ganzen Teams (je nachdem, wie ähnlich die Tätigkeiten sind) gemeinsam zu hinterfragen, ob Kennziffern, Messgrößen, Kontrollmechanismen, die für Präsenz im Office vereinbart waren, weiterhin möglich sind und auch bei Arbeit im Homeoffice sinnvoll sind.

7.1. Ziele definieren

Da bei Arbeit im Homeoffice oft persönliche, kurze Absprachen schwieriger zu realisieren sind, gewinnt die klare Definition von Zielen an Bedeutung. Die drei im Folgenden beschriebenen Zugänge zur Definition von Zielen können in der Praxis hilfreich sein.

SMART

Für die Zielformulierung eignet sich die „gute, alte" SMART-Regel. Ziele sollten demzufolge spezifisch, messbar, attraktiv, realistisch und terminiert sein.

SMART-Ziele

| SPEZIFISCH | MESSBAR | ATTRAKTIV | REALISTISCH | TERMINIERT |

Abb. 23: SMARTe Ziele. [Quelle: eigene Darstellung]

PURE

Eine andere Methodik spricht von PURE-Zielen (positively / understood / realistic / ethical). Demzufolge sollten Ziele positiv formuliert sein, also ohne das Wörtchen „nicht", sie sollen daran orientiert sein, wo es hingehen soll, statt daran, was vermieden werden soll. Weiters sollen Ziele von den Mitarbeiterinnen verstanden werden, als realistisch und machbar eingeschätzt werden, sowie letztendlich auch ethisch korrekt sein.

PURE - Ziele

| POSITIV | UNDERSTOOD VERSTÄNDLICH | REALISTISCH | ETHISCH |

Abb. 24: PURE-Ziele. [Quelle: eigene Darstellung]

OKR – Objectives and Key Results

Diese Methode wurde in Anlehnung an die Management-by-Objectives-Methode (MbO) entwickelt.[143] Die Objectives-and-Key-Results-Methode (OKR) entstand im agilen Performance Management und besteht darin, dass Ziele definiert und auf allen Organisationsebenen abgestimmt werden. Ein besonderer Fokus liegt auf der Messbarkeit der Ziele und der laufenden Evaluation von Fortschritten. Dies funktioniert folgendermaßen: Es werden pro Ziel vier bis fünf messbare Ergebnisse, sogenannte Key Results, festgelegt, die zur Bewertung der Erfolge und dem Setzen neuer Ziele und Schlüsselergebnisse herangezogen werden. Als Beispiel für Unternehmen, die eine solche Strategie verfolgen, lassen sich Google, Apple und Twitter nennen.[144]

OKR ist auf einen kürzeren Zeitraum ausgelegt und transparenter als die Methode des MbO. Die höhere Transparenz wird etwa durch die OKR-Liste angestrebt, in der alle Ziele und deren Erreichungsgrad für jeden Mitarbeiter einsehbar dokumentiert werden. Der OKR-Zyklus ist üblicherweise quartalsweise organisiert.[145]

Eine Anregung für Führung ins Homeoffice könnte sein, einzelne Zielformulierungen mit dem jeweiligen Mitarbeiter gemeinsam zu überprüfen (passt diese Formulierung jetzt auch ins Homeoffice?). Dabei können ein paar Ziele SMART, einige PURE und einige Ziele OKR formuliert werden, um infolge gemeinsam zu reflektieren, was als hilfreicher erlebt wird.

Die Systemtheorie ist dafür bekannt, hohes Augenmerk auf Eigendynamiken und Selbstorganisation in Unternehmen zu legen. Der Fokus liegt daher weniger auf einfachen und allgemeinen Antworten als auf hilfreichen Fragen. Eine systemisch orientierte Führungskraft würden wir daher anregen, im Prozess der gemeinsamen Zielformulierung etwa folgende Fragen mit Mitarbeiterinnen gemeinsam zu behandeln:

- Wie heißt das Ziel, das Sie erreichen wollen?
- Können wir das Ziel mit einer Metapher oder einem Bild beschreiben? Fällt uns für die Situation im Homeoffice ein anderes Bild ein – oder ändert sich nichts?
- Was soll mit der Erreichung des Ziels sichergestellt sein?
- Woran werden Sie erkennen, dass Sie Ihr Ziel erreicht haben? Woran werden wir das gemeinsam erkennen, wenn wir uns beide ausschließlich im Homeoffice befinden?

---

143 *Hussain* 2019.
144 *Pause* 2018.
145 *Lobacher/Jacob* 2019.

- Wer noch wird bemerken, dass Sie Ihr Ziel erreicht haben, und woran genau?
- Wenn Sie Ihr Ziel erreichen: Für wen hätte es Vorteile und für wen Nachteile – und welche?
- Wen sollten Sie in die Zielerreichung einbinden?
- Was müssten Sie für die Zielerreichung aufgeben? …weglassen?
- Wie könnten Sie sich selbst an der Erreichung Ihrer Ziele hindern?
- Wie könnten wir zwei idealerweise kommunizieren, damit Sie das Ziel bestmöglich erreichen?

7.2. Benchmarks

Für sehr hilfreich halten wir in diesem Aufgabenfeld den Blick über den Tellerrand. Prüfen Sie doch – am besten gemeinsam mit Ihren Mitarbeiterinnen – wie andere, vergleichbare Organisationen mit Vertrauen und Kontrolle im Homeoffice umgehen, welche Tools sie einsetzen, welche Kenngrößen zur Anwendung gelangen und wie Leistung und Arbeitszeit gemessen und erfasst werden. Einerseits muss nicht jedes Unternehmen das Rad neu erfinden. Wenn andere hilfreiche Lösungen gefunden haben, warum nicht diese kopieren. Und andererseits gibt es Mitarbeitern Sicherheit, zu wissen, wie vergleichbare Organisationen vorgehen. Diese Recherchen werden dank der zunehmenden Digitalisierung immer einfacher. Eine Stunde Internetsuche kann gut investiert sein und einiges an Überraschungen und Ideen hervorbringen.

7.3. Kontrolle und Evaluation

Bei Homeoffice gewinnt die Balance von Vertrauen und Kontrolle an Bedeutung. Die Überwachung und Beobachtung der Arbeitsleistung sowie die Erfassung der Arbeitszeit des Mitarbeiters ist hier bedeutend schwieriger als im Betrieb. Vertrauen wird zur Grundvoraussetzung. Nach der Corona-Krise haben viele Führungskräfte, die zuvor skeptisch waren, positiv bemerkt, dass Vieles auch ohne direkte Kontrolle funktioniert. Es scheint sich wieder die Theorie von *McGregor* zu bewahrheiten, der zufolge wir in weiten Teilen davon geleitet werden, welches Menschenbild wir in uns tragen, und weniger davon, was um uns herum geschieht.[146] In eine ähnliche Richtung gehen Befunde der Gehirnforschung, die zeigen, dass sich unser Gehirn weit mehr „mit sich selbst", also den Erfahrungen und eigenen Ideen, als mit der Wahrnehmung der äußeren Welt beschäftigt.

Unsere Empfehlung für Leadership bei Homeoffice lautet demzufolge:

- Vertrauen schenken: Bringen Sie als Führungskraft zunächst allen Mitarbeiterinnen einen Vertrauensvorschuss entgegen. Vorschnelle Kontrollen schüren Misstrauen und animieren Mitarbeiter dazu, bei deren Umgehung kreativ zu werden.
- Zeigen Sie Interesse an der Arbeitsleistung und an Erfolgen: Mitarbeiter sollten wahrnehmen, dass sich die Chefin für die Resultate interessiert. Diese Empfehlung mag banal klingen, wir kennen aber viele Beispiele, wo sie nicht umgesetzt ist. Und wer nicht gefragt wird, gewinnt rasch den Eindruck, dass die Ergebnisse der eigenen Arbeit nicht interessieren und somit wohl von geringer Bedeutung sind.

---

146 *McGregor* 2005.

- Stehen Sie unterstützend zur Verfügung: Mitarbeiterinnen sollten nie zögern, bei Unsicherheiten oder Fragen sofort den unmittelbaren Vorgesetzten zu kontaktieren.
- Sorgen Sie für häufigen und intensiven Austausch unter Peers. Immer wieder mit Kollegen zusammentreffen, berichten, sich austauschen und anregen passiert in Zeiten der Distanz weniger „von selbst", ist aber ein sehr wichtiger Faktor der persönlichen Motivation und auch der Kontrolle.

7.3.1. Ergebniskontrolle – Outputmessung

Durch die räumliche Trennung ist es notwendig, die Leistungsbewertung verstärkt ergebnisorientiert vorzunehmen.[147] Das Bemühen und das Engagement der Mitarbeiterinnen sind weniger sichtbar als der inhaltliche Output. Umso mehr muss regelmäßig gemeinsam ausgearbeitet werden, welche Faktoren die Ergebnisse beeinträchtigt haben. Was liegt am Mitarbeiter, was am Bemühen und den Fähigkeiten, was ist anderen Faktoren wie technischer Ausstattung, Rahmenbedingungen zuzuschreiben?

Bei qualitativen, wenig messbaren Aufgaben empfiehlt es sich, mit der Zunahme an Distanz, Reflexion und Feedback konsequenter zu planen und zu vereinbaren. Was im Büro gelegentlich spontan zwischen Tür und Angel oder dank eines kurzen Blickwechsels erfolgt, muss nun vereinbart und organisiert werden. Faustregel: lieber öfter und kürzer als selten und ausführlich.

7.3.2. Kontrolle von Zeiten und Aktivitäten

Auch wenn letztlich in Arbeitsprozessen das Ergebnis wohl mehr zählt als Engagement und Bemühen, wollen und werden Organisationen auch weiterhin nicht auf die Beobachtung und Messung der Arbeitszeit und des Engagements von Mitarbeitern verzichten.

Software zur Überwachung im Homeoffice gibt es zur Genüge. Zahlreiche Unternehmen setzen auf Videochattools, die alle fünf Minuten ein Foto der Konferenzteilnehmerinnen machen. So kann die Chefin genau sehen, ob ihre Mitarbeiter gerade vor dem Bildschirm sitzen. Auch Firmenlaptops können aus der Ferne kontrolliert werden: Eine Reihe von Softwareanbietern ermöglicht es, verschiedene Aktivitäten zu tracken: E-Mails, Webseitenbesuche, aufgerufene Programme, geöffnete Ordner, Tastatureingaben. Damit lassen sich regelrechte Logbücher des Nutzungsverhaltens erstellen. Wer besuchte wie lange Facebook? Wer hat während der Arbeitszeit Sportnachrichten gelesen? Wer surfte auf Shoppingseiten? Das Computerprogramm lässt sich so konfigurieren, dass bei der Eingabe bestimmter Stichwörter wie beispielsweise „Kundenliste" oder „Amazon" automatisch Screenshots erstellt werden, die dann für mögliche interne Untersuchungen gespeichert werden. Diese Softwaretools können entweder der Aufdeckung arbeitsrechtlicher Verstöße dienen oder auch der Produktivitätsmessung. Andere Anwendungen setzen auf Nudging-Techniken: Mitarbeiterinnen bekommen einen Schubs, wenn sie zB zu viel Zeit auf Facebook oder Youtube verbringen. Auf dem Bildschirm poppt dann eine Erinnerungsmeldung auf: „Arbeiten Sie noch an …?" Es ist, als würde der Chef einen Kontrollbesuch abstatten.

---

147 *Schwarzmüller/Brosi/Welpe* 2017.

Im Hintergrund laufen zuweilen auch Programme, die aus den Routinen der Mitarbeiter lernen und Anomalien erkennen. Eine Software warnt Manager, wenn Angestellte ein auffälliges Verhalten an den Tag legen, beispielsweise eine vertrauliche Kundenliste und einen Lebenslauf ausdrucken, was darauf hindeuten könnte, dass die Person das Unternehmen verlassen und vom Kundenstamm profitieren will. Algorithmen führen laufend Protokoll.

Eine Erhebung der Universität Wien im Jahr 2020 zeigte, dass es für 46 % der Befragten voll oder eher zutrifft, dass ihre Firma elektronisch prüfen kann, wann sie arbeiten. Nur 23 % gaben an, dass das in ihrem Fall „gar nicht" zutrifft, während 12 % meinten, dass sie nicht wissen, ob eine solche Überwachung möglich ist. Aus der Sicht der Befragten bedeutet Homeoffice also häufig nicht, dass die Arbeit ohne Kontrolle durch die Firma erledigt wird. 36 % geben zudem an, dass sie durch Homeoffice nicht selbstbestimmter arbeiten.[148]

Die technischen Möglichkeiten sind hier also mannigfaltig. Es stellt sich die Frage, was legal und was legitim ist und was der Kultur der jeweiligen Organisation entspricht. Damit solche Maßnahmen akzeptiert werden, ein wertschätzender Umgang mit Mitarbeitern gewährleistet ist und gute Arbeitsbedingungen erhalten bleiben, bedarf es in jedem Fall einer Vereinbarung vorab. Sei es mit der Personalvertretung oder in kleineren Organisationen auch direkt mit den betroffenen Mitarbeitern. Kontrolle sollte nie versteckt stattfinden, sondern Mitarbeiterinnen müssen wissen, woran ihre Leistung gemessen und wie sie kontrolliert wird. So können nach einem Zufallsprinzip ausgewählte mitgeschnittene Videogespräche mit Kundinnen als hilfreiche Lern- und Entwicklungschance vom Betroffenen erlebt werden oder eben auch als hinterhältige Bespitzelung.

Wir denken, dass aber auch ohne großen technischen Aufwand eine regelmäßige Reflexion darüber, wie die Arbeit in der letzten Zeit gelaufen ist, zB durch gemeinsame Skalierungen, zu bestimmten Dimensionen, wie etwa inhaltliche Qualität, Kundinnenzufriedenheit, Schnelligkeit der Bearbeitung von Anliegen, Fehlerquoten etc, erfolgen kann.

7.4. Umgang mit Irrtum und Fehlern

7.4.1. Fehler vermeiden, produktiven Irrtum fördern

Vor 200 Jahren lebte in Amerika ein Mann, der mit 23 seinen ersten Job und seinen ersten Wahlkampf verlor. Als er 26 war, starb seine Geliebte, zwei seiner Söhne starben im Kindesalter. Mit 27 erlitt er einen Nervenzusammenbruch. Er war 29 Jahre alt, als er seinen zweiten Wahlkampf verlor. Mit 34 unterlag er für die Nominierung zum Kongress, ebenso mit 39. Mit 45 und 49 unterlag er im Kampf um einen Senatorenplatz und mit 47 wollte er Vizepräsident werden, erreichte das Ziel aber nicht. Mit 52 Jahren wurde er zum Präsidenten der Vereinigten Staaten gewählt und mit 56 wiedergewählt. *Abraham Lincoln* wäre wohl nicht Präsident geworden, wäre er nach seinen Wahlniederlagen nicht wieder aufgestanden und hätte er nicht aus diesen Tiefschlägen gelernt. Nach Niederlagen wieder aufstehen und aus Fehlern lernen ist die Devise erfolgreicher Menschen.

---

148   *Flecker/Herr/Schadauer* 2020.

In Bezug auf Leadership sehen wir drei wichtige Erkenntnisse:

- Unterscheiden Sie Fehler von Irrtümern.
Fehler: Durch vorhandene Erfahrungswerte (entweder eigene oder die anderer) hätte ich wissen können, dass der Weg nicht zum gewünschten Ergebnis führt. Dass es für eine standardmäßige Durchführung einer wiederholenden Tätigkeit wie zB der Reisekostenabrechnung sinnvoll sein kann, einen Weg festzulegen, leuchtet vermutlich ein. Wer hier falsche Daten eingibt, macht einen Fehler. Diese Ereignisse möchte jedes Unternehmen weitgehend vermeiden.
Irrtum: Bei Fragen, Ideen, Vorhaben, bei denen ich zum Zeitpunkt der Entscheidung noch nicht weiß, ob oder wie ich das gewünschte Ergebnis erzielen werde, arbeite ich mit Annahmen und Hypothesen. Erst im Nachhinein wird sich herausstellen, ob ich mit diesen recht hatte oder nicht.
Der große Unterschied zum Fehler: Egal ob ich erfolgreich bin oder nicht, ich kann Neues aus dem Ergebnis lernen. Ich habe etwas ausprobiert und kann aus diesen Erfahrungen künftig einen anderen, vielversprechenderen Weg ableiten.
Wenn in der Literatur von Fehlerfreundlichkeit gesprochen wird, ist also Irrtumsfreundlichkeit gemeint. Die Alltagssprache wird sich nicht ändern. Es ist aber von Vorteil, als Organisation und als Führungskraft diesen Unterschied zu berücksichtigen.
- Unterscheiden Sie zwischen jenen Bereichen, wo aus Irrtümern gelernt werden darf und soll – und jenen, wo dies nicht möglich ist.
Ein Mitarbeiter eines Atomkraftwerks oder eine Ärztin im Operationssaal müssen alles tun, um in ihrer Arbeitspraxis Fehler zu vermeiden. Lernen auf Basis von Hypothesen, Versuch und Irrtum müssen hier in Simulationen, in Schulungen etc stattfinden. Wichtig ist aber auch in diesen Berufsgruppen, Arbeitsbereiche, in denen Irrtum keinen Platz hat, weil es ums Leben geht, zu trennen von Arbeitsbereichen, in denen Irrtümer zugelassen werden können.
- Schaffen Sie eine Kultur, in der mit Freude und Engagement aus Irrtümern gelernt wird. Statt von einer Kultur der Fehlerfreundlichkeit zu sprechen, wäre eine Kultur des Irrens also passender. Diese wirkt in allen Bereichen der Arbeit, in denen gelernt, Neues entwickelt und kreativ gearbeitet werden soll.
Die Wahrnehmungen von Führungskräften in Bezug auf die Fehler- bzw Irrtumsfreundlichkeit ihres Unternehmens decken sich oft wenig mit dem Erleben der Mitarbeiterinnen. In einer Studie zur Fehlerkultur in 61 Ländern belegte Deutschland in Sachen Toleranz für Fehler Platz 60 von 61, übertroffen nur von Singapur, wo bereits kleine Fehltritte sehr hart bestraft werden.[149] Führungskräfte hingegen betonen häufig, dass in ihrem Unternehmen eine „fehlerfreundliche Kultur" vorherrsche. In einer Erhebung aus 2018 sind 74 % der deutschen Führungskräfte der Meinung, in ihrem Unternehmen gäbe es eine Diskussionskultur, in der man offen miteinander sprechen könne. Die Mitarbeiter sehen das anders. Nur 39 % haben den Eindruck, im Unternehmen frei sprechen zu können.[150]

---

149   *Frese/Keith* 2015.
150   https://www.faz.net/aktuell/wirtschaft/unternehmen/fehlerkultur-laut-studie-in-vielen-unternehmen-ausbaubar-15837117.html (30.11.2020).

7.4.2. Psychologische Sicherheit als Basis für Effektivität und Lernen

Die Theorie der Psychological Safety[151] betont, dass Menschen psychologische Sicherheit brauchen, um Fragen, Bedenken oder Fehler anzusprechen. Dies meint eine Kultur, in der Unsicherheit, Fehler oder Zweifel nicht bestraft werden. Die Angst, als ignorant, inkompetent, aufdringlich oder auf eine andere Art negativ eingeschätzt zu werden, hindert Menschen in der Praxis oft, Zweifel oder offene Fragen anzusprechen, die für die Entwicklung des Unternehmens wesentlich sein könnten.

Für ein Klima der Offenheit und die Verbesserung von Prozessen lohnt es sich also, auf psychologische Sicherheit zu achten. Wichtig dafür ist es, die Arbeit als Lernproblem und nicht als ein reines Ausführungsproblem zu verstehen, ist doch unsere Realität in vielen Bereichen durch enorme Unsicherheit und hohe Interdependenzen gekennzeichnet. Weiters fördern Führungskräfte, die ihre eigene Fehlerhaftigkeit anerkennen und sich selbst auch als neugierig zeigen, psychologische Sicherheit und Lernbereitschaft ihrer Mitarbeiterinnen. Die folgende Abbildung illustriert die Auswirkungen unterschiedlicher Kombinationen von Motivation und psychologischer Sicherheit.

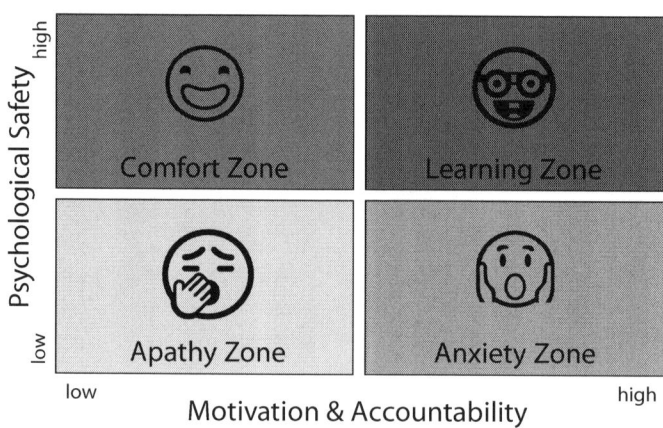

Abb. 25: Psychological Safety. [Quelle: eigene Darstellung nach *Edmondson, A. C.*, (2012): Teaming: How Organizations Learn, Innovate, and Compete in the Knowledge Economy. San Francisco: Jossey-Bass.

Daraus leiten wir folgende Tipps für die Arbeit im Homeoffice ab:

- Benennen Sie eigene Fehler als Führungskraft.
- Bedienen Sie sich agiler Methoden wie Scrum oder Design Thinking, die konstruktiv mit Irrtümern umgehen.
- Wir erlebten beispielsweise ein Team, das die Woche regelmäßig mit folgender Frage abschloss: Was war unser Erfolg der Woche und was war unser spannendster Irrtum diese Woche?
- Vielleicht gelingt es sogar, besondere Irrtümer zu feiern – nehmen Sie Anleihe an den „Fuck-up Nights", wo das konstruktive und humorvolle Besprechen von Scheitern im Mittelpunkt steht.

---

151 *Edmondson* 2012.

7.5. Vorschlagswesen und Ideenmanagement

Seit Jahren beschäftigen sich Unternehmen mit dem betrieblichen Vorschlagswesen, also der Frage, wie sich Mitarbeiterinnen dazu animieren lassen, ihre alltäglichen kleinen und größeren Verbesserungsideen einzubringen. Vielversprechend erscheinen hier Tools, die sich den Spieltrieb zunutze machen. Unter dem Stichwort Gamification – oder deutsch immer öfter auch Spielifizierung – finden sich Ideen-Apps, die eine einfache und direkte Teilnahme aller Mitarbeiter am Vorschlagswesen möglich machen. Ziel muss es sein, Hürden abzubauen und es den Mitarbeitern so einfach wie möglich zu machen, die eigenen Ideen mit Kolleginnen und in der Community zu teilen. Verbesserungsvorschläge sollten intuitiv erfassbar sein und sofort in den Datenpool einfließen. Wichtig hier ist auch Transparenz: Mitarbeiterinnen sollten erfahren, was aus den Vorschlägen geworden ist.

7.6. Datensicherheit

Ein Kernthema jeder Telearbeit ist das Thema Datensicherheit. Diese Frage bleibt Chefsache, selbst wenn die IT-Abteilung zuständig für die technische Umsetzung und den Vorschlag geeigneter Systeme ist. Eine wesentliche Führungsaufgabe besteht darin, hier ein klares und transparentes Reglement zur Verfügung zu stellen. Mitarbeiterinnen müssen wissen, welche Daten sie auf welchen Kanälen versenden dürfen, was wo gespeichert werden darf und auch, welche Tools zum Einsatz kommen dürfen.

7.7. Orientierung von Aufgaben und Zielen am Purpose der Organisation

In der Unternehmenswelt kursiert seit einiger Zeit der Begriff „Purpose". Purpose thematisiert das „Wofür", den Sinn und Zweck des Tuns einer Organisation.

Ein tatsächlich gelebter Purpose ist eine zentrale Entscheidungsprämisse.[152] Als verinnerlichter und in der Unternehmenskultur gelebter Daseinszweck verleiht Purpose einem Unternehmen Authentizität und Charakter und bringt Stakeholder zusammen. Das funktioniert aber nur, wenn der Purpose nicht nur eine leere Plattitüde bleibt, sondern auch aktiv ge- und erlebt wird. Eine Führungskraft dazu: „Das gemeinsame Herausarbeiten eines von allen geteilten Purpose hat uns schneller, digitaler und agiler gemacht. Dezentrales Arbeiten ist mittlerweile möglich. Jeder soll seinen eigenen Stil und seine eigene Philosophie in dieses Unternehmen einbringen – und zwar wie sie und er es möchte."

Der Purpose hat mit dem bekannten Leitbild nur wenig zu tun. Während das Leitbild sich nach innen richtet, orientiert sich der Purpose an den Wirkungen, die eine Organisation in der Gesellschaft und für Stakeholder erzielen möchte. Ein Beispiel ist die Formulierung von Google: „Die Informationen dieser Welt organisieren und allgemein zugänglich und nutzbar machen."[153]

---

152   Siehe dazu zB *Fink/Moeller* 2018.
153   https://about.google/intl/de/

Die unten angeführte Abbildung verdeutlicht das Zusammenspiel von eigener Identität, dem Purpose, Strategien und Leistungen/Produkten. Der innerste Kern wird in diesem Modell von den Werten, den innersten Grundhaltungen bzw der Identität geprägt („Wer bin ich?"). Aus diesen ergibt sich der Purpose, der Sinn und Zweck einer Organisation bzw die Wirkung, die erzielt werden soll („Wofür bin ich da?"). Auf Basis dessen geht es um die Frage, wie diese Wirkungen erzielt werden sollen („Wie mache ich es am besten?"). Hier greift in Organisationen die Strategie, die in strategischen Zielen, Plänen oder Projekten definiert, wie der Zweck in den nächsten Perioden erreicht werden soll. Erst dann geht es, in der äußersten Schale, um konkrete Handlungen („Was mache ich?"). In der Organisation wären das operative Prozesse, Produkte oder Dienstleistungen.

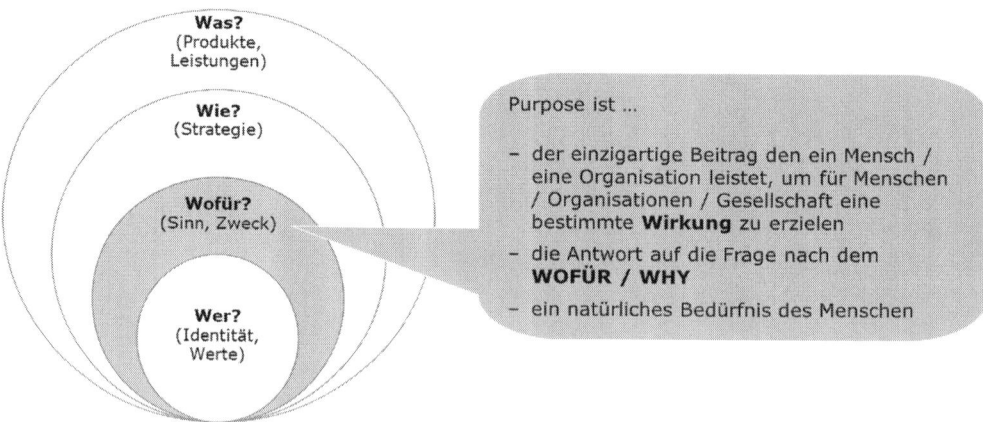

Abb. 26: Identität, Purpose, Strategie und Produkte/Leistungen. [Quelle: Neuwaldegg; https://www.neuwaldegg.at/purpose-driven-organization/]

Purpose stellt den gesellschaftlichen Nutzen in den Mittelpunkt. Zum Beispiel will Amazon nicht das Kaufportal Nummer eins sein, sondern „die höchste Kundenzufriedenheit der Welt" erreichen". Und TED versteht sich nicht als namhafter Konferenzanbieter, sondern will „wertvolle Ideen weiterverbreiten". Facebook formuliert „To give people the power to share and make the world more open and connected". Und Twitter: „To give everyone the power to create and share ideas and information instantly, without barriers."

Diese Beispiele zeigen einerseits die Kraft, die ein verständlicher und auch gelebter Purpose entfalten kann. Andererseits zeigen sie auch, wie rasch diese Formulierungen beschönigend und nach hohler Marketingsprache klingen können. Und wie rasch sich viele dieser Formulierungen einem allgemeinen: „making the world a better place ..." nähern. Wer kann da schon was entgegnen?

Ob ein solcher Purpose, der den Beitrag für die Gesellschaft formuliert, Kraft und Wirkung entfalten kann, entscheiden letztlich die Mitarbeiterinnen und wesentlichen Stakeholder einer Organisation. Wenn er diesen hilfreich und glaubwürdig erscheint, kann er Orientierung und Bindung herstellen. Aus drei Gründen kann die Definition und Umsetzung eines starken, überzeugenden Purpose in Zusammenhang mit Homeoffice besonders passend sein:

Erstens gibt ein stimmiger Purpose der Organisation und ihren Mitarbeitern Sinn. Identifikation und Bindung werden im Homeoffice weniger über Beziehungen oder Räume geschaffen, sondern verstärkt über das Ziel und den Wert der Tätigkeit. Es ist damit wahrscheinlich, dass ein klarer, gelebter und von beiden Seiten getragener Purpose bei zunehmender räumlicher Distanz zwischen Mitarbeitern und Office eine wachsende Rolle in der Identifikation und Bindung ans Unternehmen spielt.

Zweitens schafft ein klarer Purpose Orientierung bei Entscheidungen in Bezug auf die Erfüllung von Aufgaben und Zielen im Homeoffice. Am Purpose orientierte Organisationen setzen meist auf Zweckprogramme, dh sie definieren erwartete Ergebnisse, lassen aber Mittel und Wege der Erreichung offen.[154] Damit wird Mitarbeiterinnen Autonomie in Bezug auf die Organisation ihrer Arbeit ermöglicht, ohne in Beliebigkeit zu verfallen.

Drittens zeigt sich, dass Arbeit im Homeoffice und die damit oft einhergehende stärkere Isolation die eigene Stabilität und Krisenfestigkeit gefährden können. Menschen, die einer Bestimmung folgen, die also einen Purpose in sich tragen, sind psychisch gefestigter als solche, die einfach vor sich hinleben. „Wer ein Warum zu leben hat, erträgt fast jedes Wie" – nach diesem Motto erforschte *Viktor Frankl*, einer der Urväter der Resilienzforschung, wie Sinnerfüllung auch angesichts schwerer Schicksalsschläge möglich ist und Menschen in die Lage versetzt, in Krisenzeiten seelisch stabil zu bleiben.[155]

Führungswerkzeug
Ziele und deren Kontrolle im Homeoffice festlegen
Vereinbaren Sie ein Meeting mit jedem Ihrer Mitarbeiter zur Besprechung der folgenden Schritte:
- Passen unsere Zielformulierungen auch für Homeoffice?
- Experimentieren Sie gemeinsam damit, einige Ziele SMART, einige PURE und einige Ziele OKR zu formulieren.
- Diskutieren Sie: Die Erreichung welcher Ziele ist im Homeoffice am stärksten gefährdet und warum?
- Vereinbaren Sie je Ziel: Wie wollen wir die Erreichung dieses Ziels für Homeoffice passend kontrollieren? Wie oft, anhand welcher Indikatoren, in welcher Form soll von wem überprüft werden?

---

154   https://www.purpose-driven.world/5-disziplinen/1-dominanter-purpose/ (13.01.2020).
155   *Frankl* 2006.

8. Die Organisation entwickeln für Arbeit im Homeoffice

Bei Digital Leadership sind klare Zielvorgaben, passende Kommunikation und Routinen besonders wichtig. Diese sind nicht nur Aufgaben der direkten Mitarbeiterinnenführung, sondern auch Themen der Gesamtorganisation. In diesem Kapitel legen wir daher erstens den Fokus auf die für Homeoffice besonders wichtigen klaren organisationalen Rahmenbedingungen. Zweitens kann Homeoffice auch dazu anregen bzw es erfordern, neue Formen der Zusammenarbeit zu entwickeln. Dafür geben wir Anregungen aus verschiedenen neuen Organisationsmodellen, die auch in traditionellen Organisationen eingesetzt werden können.

In der Entwicklung der Organisation beschäftigen sich Verantwortliche mit der Gestaltung von Prozessen und Schnittstellen, mit der Definition von Aufgaben, Kompetenzen und Verantwortungen und der generellen Gestaltung von Leistungsmessungen und Sanktionen, also mit der Aufbau- und Ablauforganisation, deren Monitoring und Strategien zu ihrer Einhaltung. Das meiste davon ist unabhängig davon, ob Mitarbeiterinnen aus dem Homeoffice oder im Büro tätig werden. Allerdings stellt Homeoffice besonders hohe Anforderungen an die Klarheit der Rahmenbedingungen. Wenn Menschen sich nicht rasch und niederschwellig über Schnittstellen, Kompetenzen etc austauschen können, dann ist ein stringenter, widerspruchsfreier Rahmen noch wichtiger als sonst.

Führungskräfte sollten bei Digital Leadership jedenfalls besonderes Augenmerk legen auf klare Zielvorgaben, passende Kommunikation und Routinen.

8.1. Erwartungen und Spielregeln: Die Unternehmens-Policy für mobiles Arbeiten

Erwartungshaltungen sowie die Zielsetzung und Zuständigkeiten des flexiblen Arbeitens sollten schriftlich festgehalten werden. Wenn die Pflichten der Mitarbeiterinnen im Vorfeld geklärt und schriftlich vereinbart werden, können spätere Missverständnisse vermieden werden.

Weiters kann es sinnvoll sein, organisationsweite allgemeine Regeln für Kommunikation zu entwickeln, etwa in Bezug auf Erreichbarkeit, Regeln für virtuelle Meetings, Datensicherheit, Feedback, die Verwendung von Kommunikationstools, Verantwortlichkeiten und Prozesse.

Viele Unternehmen sichern gemeinsame Spielregeln mittels einer Unternehmens-Policy für mobiles Arbeiten, andere formulieren eine Betriebsvereinbarung. Hier werden Rechte und Pflichten für die Organisation und die Arbeitnehmer geregelt, etwa das Ausmaß von mobilem Arbeiten, Regeln zur Erreichbarkeit, zur Datensicherheit oder zu Haftungsfragen, die Aufwandsentschädigung oder die Verantwortlichkeiten der Organisation und der Beschäftigten. Hier können allgemeine Regeln für den Prozess der Genehmigung von mobilem Arbeiten ebenso festgelegt sein, wie jene für das Beenden der Möglichkeit zu mobilem Arbeiten, für den Umgang mit Arbeitsunfällen und Krankenständen etc.

Wichtig ist in diesem Zusammenhang auch Gerechtigkeit und Nachvollziehbarkeit. Homeoffice wird häufig von Mitarbeiterinnen gewünscht, oft wird es auch als besonderes Entgegenkommen empfunden, wenn die Firma auf diesbezügliche Interessen eingeht. Umso wichtiger ist es, hier transparente und gerechte Bedingungen zu schaffen. Wenn nicht nachvollziehbar ist, warum Homeoffice manchen ermöglicht wird und anderen nicht, dann entsteht rasch Frustration und Demotivation. Die Corona-Krise führte dazu, dass in sehr vielen Unternehmen und Arbeitsbereichen Homeoffice plötzlich möglich wurde. Umso mehr erlebten wir nach den Lockdowns, welchen Ärger es bewirkt, wenn nicht nachvollziehbar ist, wer auch in Zukunft in welchem Ausmaß Homeoffice machen darf und wer nicht. Zugeständnisse der Organisation an verschiedene Mitarbeiter werden in allerlei Thematiken nicht als gerecht und nachvollziehbar empfunden, selten sind diese aber so transparent und sichtbar wie im Fall von Homeoffice. Wer zB welche Prämie erhalten hat, ist selten vollständig transparent. Wer jedoch wie viele Tage in der Woche von daheim arbeitet, wird von allen wahrgenommen. Unternehmens-Policies, die definieren, unter welchen Bedingungen Homeoffice möglich ist, können Konfliktpotenzial deutlich entschärfen. Sollte die Organisation hier keine oder wenig Klarheit schaffen, dann ist es Aufgabe der unmittelbaren Führungskraft, für das Team Regeln aufzustellen und diese eindeutig zu kommunizieren.

8.1.1. Eine Anleitung zur Formulierung von Regeln für die Arbeit im Homeoffice

Die Notwendigkeiten rund um die Corona-Krise haben dazu geführt, dass sich auch all jene Unternehmen, die bislang noch keine Policies oder Betriebsvereinbarungen für die Arbeit im Homeoffice vereinbart hatten, damit beschäftigen mussten. Es ist aber trotzdem anzunehmen, dass in vielen, vor allem kleineren und mittleren Unternehmen auch weiterhin vieles nicht explizit geregelt ist. Wir wollen es Führungskräften, deren Unternehmen keine solche Homeoffice Policy entwickelt hat, erleichtern, rasch eigene Regelungen für ihr Team, ihre Abteilung, ihren Bereich zu formulieren. Daher geben wir im Folgenden einen Überblick darüber, was in vorhandenen Policies unterschiedlichster Organisationen alles geregelt ist. Punktuell führen wir dazu auch Beispiele an. Nicht alles wird für jede Situation relevant und wichtig sein, aber der Überblick kann helfen, die wesentlichen Bereiche für eine solche Policy im Blick zu behalten und Anregungen zu erhalten, wie Regelungen gestaltet sein könnten.

Grundsätzliches

- Besteht ein Anspruch auf mobiles Arbeiten? (Gesetzlich besteht ein solcher Anspruch nicht und die wenigsten Unternehmen werden einen solchen generell gewähren, sondern Arbeit im Homeoffice an bestimmte Bedingungen und Voraussetzungen knüpfen.)
- In welchem Ausmaß ist mobiles Arbeiten möglich? Wer genehmigt mobile Arbeit und in welcher Form erfolgt die Genehmigung? Ist die Genehmigung befristet oder unbefristet? Darf der Arbeitgeber einseitig mobiles Arbeiten anordnen? Wenn ja, auf Basis welcher Vereinbarung?

Geltungsbereich

- Für welche Mitarbeiter gilt die Regelung (auch Teilzeitkräfte, Lehrlinge, Praktikantinnen, Zeitarbeitskräfte, Auszubildende, …)?

Voraussetzungen für mobiles Arbeiten

- Es gibt Firmen, die Homeoffice erst ab einer bestimmten Dauer der Betriebszugehörigkeit genehmigen.
- In den meisten Fällen sind allerdings die Art der Arbeit bzw die Inhalte der Tätigkeit Voraussetzung.
- Sind spezifische Schulungen Voraussetzung für eine Genehmigung der Telearbeit? Beispiele:
  - Schulungen zu IT-Sicherheit.
  - Schulungen zum Gebrauch definierter Software und Tools.
  - Schulungen zu Regelungen und zu Arbeitssicherheit im Homeoffice.

Arbeitsmittel

- IT-Voraussetzungen: Welche Geräte, welche Arbeitsmittel sind jedenfalls erforderlich? Wer bezahlt was davon?
- Wofür werden Kosten erstattet und erfolgt dies in Form von Pauschalen oder von detaillierten Abrechnungen?
- Wer trägt die Verantwortung und die Kosten für die Wartung der Geräte?
- Welche Software ist zu installieren?
- Welche Software ist erlaubt, welche nicht? Welche Voraussetzungen muss ein mobiler Arbeitsplatz erfüllen? (Tageslicht, Quadratmeter, Ruhe, Arbeitsplatz, Stuhl, …)

Ausmaß der mobilen Arbeit

- Wie viele Tage / Stunden pro Woche darf oder soll im Homeoffice gearbeitet werden? Beispiele:
  - Mobile Arbeit ist an maximal drei Tagen pro Woche zulässig.
  - Es können maximal 60 % der Normalarbeitszeit pro Woche im Homeoffice geleistet werden.
  - Eine Ausnahme bei Wiedereingliederung nach längerem Krankenstand ist möglich.
  - Für definierte Inhalte oder Projekte kann mobile Arbeit bis zu einer Arbeitswoche am Stück vereinbart werden.
- Darf Homeoffice nur an bestimmten Tagen erfolgen?
- Sind flexible Vereinbarungen möglich oder gibt es eine fixe und dauerhafte Regelung? Beispiel:
  - Einige Unternehmen genehmigen Homeoffice grundsätzlich nur im Zeitraum von Dienstag bis Donnerstag, also nicht an Montagen und Freitagen. Dies soll einerseits sicherstellen, dass Mitarbeiter Homeoffice-Tage nicht als Verlängerung ihrer Wochenenden „missbrauchen". Andererseits soll damit gewährleistet werden, dass alle Teams jede Arbeitswoche gemeinsam im Büro starten und beenden.

Orte

- An welchen Orten ist mobile Arbeit zulässig? Unter welchen Rahmenbedingungen ist Homeoffice zulässig? Beispiel:
  - Mobile Arbeit wird vom Arbeitgeber nur dann genehmigt, wenn der Mitarbeiter sicherstellen kann, seine Arbeit in einem eigenen, ruhigen Raum daheim oder auch in einem Shared Office erledigen zu können.
- Es gibt auch Organisationen, die mobiles Arbeiten von daheim nur zulassen, wenn zuvor eine Besichtigung und Freigabe des Arbeitsplatzes im Homeoffice erfolgt ist. Beispiele:
  - Der Arbeitnehmer gewährt dem Arbeitgeber bzw der Kontrollbehörde grundsätzlich jederzeit Zutritt zum Homeoffice-Arbeitsplatz. Bei einer Begehung sind die Interessen des Arbeitnehmers angemessen zu berücksichtigen.
  - Einige Organisationen bieten auch Unterstützung bei der Einrichtung des Homeoffice-Arbeitsplatzes wie auch eine Kontrolle der Umsetzung.
- Welche rechtlichen Voraussetzungen braucht es damit Mitarbeiterinnen in ihrer Wohnung einen Arbeitsplatz einrichten dürfen? Viele Mietverträge lassen eine Nutzung ausschließlich zu Wohnzwecken zu.
- Es bietet sich eine Regelung an, nach der die Arbeitnehmerin eine Genehmigung der Vermieterin zur Nutzung der Wohnung als häusliche Arbeitsstätte vorlegt. Eine vergleichbare Regelung sollte für den Fall getroffen werden, dass der Arbeitnehmer nicht Alleineigentümer der Wohnung/des Hauses ist.

Regeln im Homeoffice

- Wie ist die Erreichbarkeit der Mitarbeiterin geregelt? Studien zeigen, dass hier durchaus Handlungsbedarf bestehen dürfte (siehe Kapitel 8.4.).
- Verhalten bei Störungen: Was ist zu tun bei Stromausfall? Was ist zu tun bei Ausfall des Internetzugangs?

Arbeitszeit

- Welche Arbeitszeit- und Pausenregelungen gelten im Homeoffice?
- In welcher Form werden Zeitaufzeichnungen geführt?
- Wann und wie ist eine Erkrankung zu melden?
- Was gilt für die Anordnung von Überstunden?
- Wie ist die Arbeitszeit zu dokumentieren? Die Gesetzgebung regelt, dass Arbeitszeitaufzeichnungen grundsätzlich Pflicht der Arbeitgeberin sind. Eine Delegation an Arbeitnehmer ist durch Betriebsvereinbarung oder Vertrag möglich. Es empfiehlt sich also eine schriftliche Vereinbarung darüber.

Dienstreisen

- Welche Regelungen gelten für Dienstreisen? Beispiele:
  - Wird als Arbeitsort sowohl der Betrieb des Arbeitgebers als auch der Ort des Homeoffice festgelegt, sind Fahrten vom Ort des Homeoffice zur Betriebsstätte als unbezahlte Wegzeiten zu betrachten.
  - Bei Dienstreisen gilt als Ausgangspunkt der Reise der Wohnort.

Datenschutz / Datensicherheit

- Was muss die Mitarbeiterin im Homeoffice bezüglich Datenschutz beachten? Beispiele:
  - Die Mitarbeiterin muss sicherstellen, dass der Bildschirm zu keiner Zeit für betriebsfremde Personen eingesehen werden kann.
  - Falls nötig, ist eine Displayschutzfolie anzubringen – die Kosten für diese trägt der Arbeitgeber.
  - Die Weitergabe von Code- und Passwörtern ist untersagt.
  - Der Mitarbeiter muss sicherstellen, dass keine Benutzung der Computer und mobilen Geräte durch andere Personen erfolgen kann.

Beendigung der Vereinbarungen zum mobilen Arbeiten

- Wer kann die Vereinbarung widerrufen? Unter welchen Bedingungen? Innerhalb welcher Fristen?
- Was beendet die Vereinbarung „automatisch"?
- Was ist bei Beendigung der Homeoffice-Vereinbarung zurückzugeben? Beispiele:
  - Bei Beendigung der Homeoffice-Arbeit hat die Arbeitnehmerin sämtliche elektronischen Daten unaufgefordert und vollständig dem Arbeitgeber zurückzugeben, sofern sie für die weitere Arbeit nicht mehr benötigt werden.
  - Elektronisch gespeicherte Daten, die sich auf einem Speichermedium des Arbeitnehmers befinden, müssen unwiderruflich gelöscht werden.
  - Sämtliche Geschäftsunterlagen (Notizen, Entwürfe, Fotokopien, Korrespondenz, Musterdokumente etc), die für die Verrichtung von Homeoffice-Arbeit verwendet worden sind, hat die Arbeitnehmerin unaufgefordert und vollständig der Arbeitgeberin zu retournieren bzw auf Verlangen hin zu vernichten, sofern sie für die weitere Arbeit nicht mehr benötigt werden.

8.2. Digitale betriebliche Gesundheitsförderung

Ein Aspekt der Unternehmens-Policy ist auch der Umgang mit digitaler betrieblicher Gesundheitsförderung. In Zusammenhang mit Homeoffice steigt auch der Bedarf an gesundheitsfördernden Maßnahmen. Offizielle krankheitsbedingte Fehlzeiten sind im Homeoffice mit in Deutschland durchschnittlich acht Fehltagen im Jahr zwar deutlich geringer als bei Arbeitenden ohne Homeoffice mit zwölf Tagen, allerdings fühlen sich Mitarbeiterinnen im Homeoffice tendenziell stärker belastet und nicht jeder kann die Vereinbarkeit von Beruf und Privatleben gut managen. Arbeit im Homeoffice birgt also auch Risiken für die psychische Gesundheit. In einer Befragung von 2.000 Beschäftigten gaben 73 % der im Homeoffice Arbeitenden an, sich in den vergangenen vier Wochen erschöpft gefühlt zu haben. Bei den Beschäftigten, die ausschließlich im Unternehmen arbeiten, waren es nur 66 %. Auch von Wut und Verärgerung sowie Nervosität berichteten Arbeitende im Homeoffice deutlich häufiger. Fast 40 % beklagten, nach der Arbeitszeit nicht abschalten zu können – das sind ca 10 % mehr als bei Beschäftigten, die im Betrieb arbeiten.[156]

---

156   *Badura/Ducki/Schröder/Klose/Meyer* 2019.

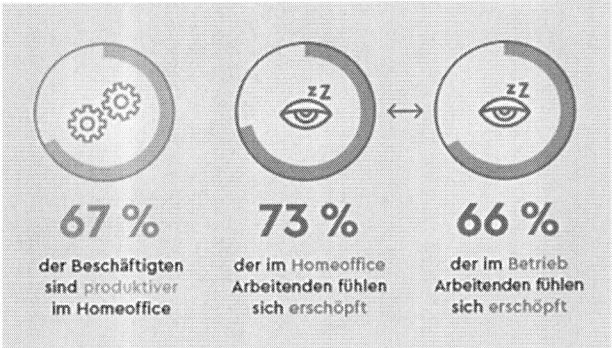

Abb. 27: Belastung und Produktivität im Homeoffice. [Quelle: *Badura, B./Ducki, A./Schröder, H./Klose, J./ Meyer, M.* (2019): Fehlzeiten-Report 2019. Schwerpunkt: Digitalisierung – gesundes Arbeiten ermöglichen. Berlin, Heidelberg: Springer.]

Eine digitale betriebliche Gesundheitsförderung unterstützt Mitarbeiter unabhängig von Zeit und Ort dabei, sich gesund und fit zu halten. Online-Angebote sind leicht in den Alltag zu integrieren, da Mitarbeiterinnen die Zeit der Aktivität selbst auswählen können und somit flexibel bleiben.

Zu digitaler betrieblicher Gesundheitsförderung können folgende Aktivitäten zählen:

- Weiterbildung zu Gesundheitsthemen, etwa Entspannungstechniken, Ernährung oder Präventionskurse
- Online-Bewegungsangebote
- Bewegungskurse in Form von gemeinsamen, synchron abgehaltenen speziellen Trainings, bei denen die Gruppe stabil bleibt und die Trainerin anwesend ist
- Digitale Sprechstunde der Betriebsärztin
- Gesundheitsgerechte Gestaltung des Arbeitsplatzes durch den Arbeitgeber
- Sharing is Caring: Viele Maßnahmen der Kommunikation im Team und der Organisationskultur wirken indirekt auch gesundheitsfördernd – regelmäßiger Austausch mit Kolleginnen und Vorgesetzten, ein gemeinsames Mittagessen, gemeinsames Stretching oder ein Feierabenddrink – all das ist auch von Zuhause möglich.
- Kleine Geste, große Wirkung – kleine wertschätzende Aufmerksamkeiten der Führung

Ein wesentlicher Aspekt des betrieblichen Gesundheitsmanagements bei Homeoffice ist die ergonomische Gestaltung des Arbeitsplatzes in der Wohnung der Beschäftigten. Entsprechende Möbel sind wichtig, um langfristig gesundheitlichen Problemen, wie Rückenschmerzen, Bandscheibenvorfällen oder Krampfadern vorzubeugen. Auch das Licht hat große Auswirkungen auf Gesundheit und Konzentration. Vonseiten der Organisation sollten die Beschäftigten bei einer möglichst gesundheitsförderlichen Gestaltung des Arbeitsplatzes unterstützt werden. Dies kann entweder durch das Zur-Verfügung-Stellen der Ausstattung, etwa von Bürostühlen oder Schreibtischen, passieren oder zumindest durch Information. Das österreichische Ministerium für Arbeit, Familie und Jugend hält fest, dass die Bestimmungen des ArbeitnehmerInnenschutzgesetzes (ASchG) samt Verordnungen, wie beispielsweise der Bildschirmarbeitsverordnung, auch im Homeoffice zur Anwendung kommen. Selbst wenn arbeitsstättenbezogene Arbeitsschutzvorschriften für Arbeiten in der eigenen Privatwohnung rechtlich nicht anwendbar sind, sind Themen wie Belichtung und Beleuchtung, Platzverhältnisse und Lufttemperatur demnach vom Arbeitgeber zu berücksichtigen. Es empfiehlt sich, eine entsprechende Musterevaluierung für Homeoffice-Arbeitsplätze auszuarbeiten und den Beschäftigten zur Verfügung zu stellen sowie den Arbeitnehmerinnen in geeigneter Form alle sonstigen relevanten Arbeitsschutzthemen zur Kenntnis zu bringen.[157]

Arbeitgeberinnen sind zwar nicht verpflichtet, den Beschäftigten technische Arbeitsmittel wie Computer, Monitore oder Möbel, wie Schreibtische oder Arbeitsstühle zur Verfügung zu stellen, in der Praxis ist es aber üblich. Wenn Arbeitgeber diese bereitstellen, dann müssen sie jedenfalls ergonomisch gestaltet sein und dem Stand der Technik entsprechen.

Hier ist vonseiten der Organisationen noch viel Luft nach oben. Eine aktuelle Untersuchung zeigt, dass 63,2 %, also beinahe zwei Drittel der Befragten, von ihrem Arbeitgeber keine Informationen oder Beratung zur gesunden Gestaltung des Arbeitsplatzes zuhause bekamen.[158]

Die Möglichkeit, von einem Techniker bei der Einrichtung des Homeoffice unterstützt zu werden, gab es dagegen für 53 %, die restlichen 47 % der 500 Befragten blieben allerdings auch in technischen Fragen ohne Unterstützung. Ein besseres Zeugnis stellten die Befragten ihren Vorgesetzten oder anderen Stellen im Unternehmen aus in Bezug darauf, dass sich diese bei 67 % dafür interessierten, wie sie im Homeoffice zurechtkommen.

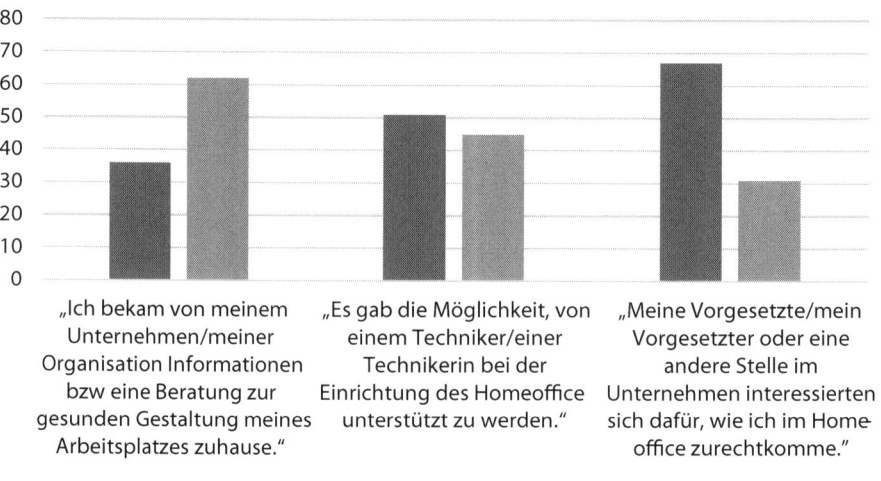

Abb. 28: Unterstützung durch das Unternehmen. Angaben in Prozent. [Quelle: *Flecker, J./Herr, B./ Schadauer, A.* (2020): Arbeitszeit, Erreichbarkeit und selbstbestimmtes Arbeiten im Home Office, unveröff. Projektbericht, Wien.]

---

157 Bundesministerium für Arbeit, Familie und Jugend: Ergonomisches Arbeiten im Homeoffice. Leitfaden und Checkliste für ein sicheres und gesundes Arbeiten zu Hause, November 2020 (Abruf am 13.1.2020).
158 *Flecker/Herr/Schadauer* 2020.

8.3. Auswirkungen von Homeoffice auf die Bedeutung von Führung

Während der Umstellung vieler Organisationen auf generellen Homeoffice-Betrieb in der Covid-Krise wurden in Unternehmen zwei scheinbar konträre Entwicklungen beobachtet, die Aufschluss auf allgemeine Auswirkungen der Integration von Homeoffice in Organisationen geben können.

Erstens berichten uns Führungskräfte wie auch Mitarbeiter, dass hierarchische Distanz generell weniger deutlich erlebt wurde. Dies bezieht sich auf die allgemeine Organisation von Aufgaben und Prozessen, auf die operative Gestaltung der Aufgabenerfüllung und auch auf die Interaktionen während Online-Meetings. Bei alldem gab es größere Spielräume der Mitarbeiterinnen bzw weniger hierarchisch fundierte Einflussnahme. Die Hierarchie war weniger starr, etwas weniger einflussreich und im Arbeitsalltag weniger spürbar.

Zweitens gewann gleichzeitig die unmittelbare Linienorganisation an Bedeutung in der Interaktion. Der persönliche Kontakt oder Nicht-Kontakt zur direkten Vorgesetzten wurde von Mitarbeitern als entscheidend empfunden. Wie es eine Führungskraft ausdrückt: „Die Matrix oder auch Projekt- oder Ad-hoc-Management wurden schwieriger, die klassische Linientätigkeit ist wieder wichtiger geworden." Das bedeutet für die Führungskraft, präsent zu sein, ansprechbar zu sein und den Mitarbeiterinnen Orientierung und auch Rückendeckung zu geben.

Wir interpretieren das so: Erstens gewinnt spürbare Leadership mit zunehmender physischer Distanz im Arbeitsalltag an Bedeutung. Dies ist nicht nur ein Thema der individuellen Führungskraft, sondern hat auch mit der Organisationskultur zu tun, da Dynamiken der Führung eng mit jenen der Organisation verbunden sind.

Zweitens bedingt Arbeit aus der Distanz vermutlich auch einen neuen Umgang mit der Hierarchie. Es wird bereits seit geraumer Zeit argumentiert, dass die Komplexität und Dynamik der Wirtschaft sowie auch Krisen eine beweglichere und partizipativere Gestaltung von Organisationen erfordern.[159] Diese muss passend zur jeweiligen Organisationskultur entwickelt werden, Rezepte von der Stange gibt es dafür nicht. Es gibt aber einige neue Organisationsmodelle, aus denen wir im Folgenden Anregungen geben. Sie machen auch dann Sinn, wenn nicht die gesamte Organisation zur Gänze umgestellt, sondern in einzelnen Schritten Neues ausprobiert werden soll.

8.4. Neue Formen der Zusammenarbeit entwickeln

Homeoffice kann auch einen Anlass bieten für bewusste Experimente, für einen Lernprozess in neuen Formen der Zusammenarbeit. Führen auf Distanz erfordert klare, schlanke Prozesse sowie eindeutige Aufgaben und Rollen. Ein Schritt dazu kann die mutige, auf das Wesentliche reduzierte Priorisierung von Aufgaben und die Verschlankung der Pro-

---

159   *Buchinger/Schober* 2006.

zesse sein.[160] Im Folgenden schlagen wir einige Möglichkeiten des produktiven Experimentierens mit der eigenen Organisation vor. Nicht alles davon ist auf die Integration von Homeoffice beschränkt, diese kann allerdings ein Ausgangspunkt dafür sein.

8.4.1. Unterscheidung von steuernden, strategischen und operativen Meetings

Eine vielversprechende Möglichkeit zu klaren (Meeting-)Strukturen entnehmen wir dem holakratischen Modell.[161] Holacracy regelt die Spielregeln für Entscheidungen in Organisationen. Im Kern geht es darum, Arbeitsprozesse so zu organisieren, dass Einheiten möglichst autonom sind und trotzdem produktiv zusammenarbeiten.[162]

In der holakratischen Organisation gibt es drei, streng voneinander separierte Formen von Meetings:

- Taktische Meetings
- Governance Meetings
- Strategische Meetings

Ein wesentlicher Aspekt dabei ist die Unterscheidung zwischen Spiel und Spielregel bzw zwischen taktischen Entscheidungen und Governance-Entscheidungen. Mit einer Fußball-Metapher erklärt: Während des Spiels wird auf bestehende Regeln zurückgegriffen; diese werden hier nicht diskutiert und nicht in Frage gestellt. Auch wenn Spielerinnen oder Zuseher dies immer wieder lautstark fordern, gilt doch der Konsens, dass Schiedsrichter gemäß dem geltenden Reglement pfeifen. Wer die Regeln des Fußballspiels ändern möchte, kann dies in eigens dafür eingerichteten Arbeitsgruppen oder Foren der Verbände versuchen.

Taktische Meetings

In taktischen Meetings geht es um all die alltäglichen Entscheidungen über nächste Schritte – das Operative. Wer macht in bestehenden Projekten bzw Aufgaben was in welcher Form und bis wann, wie geht man mit Schwierigkeiten um, wie wird die Arbeit im Detail organisiert, wie wird mit der Kundenanfrage umgegangen, wer ruft die Lieferantin zurück, …? Wenn in einem taktischen Meeting Themen auftauchen, die Regeln, Prozesse etc betreffen, dann werden diese nicht sofort behandelt, sondern notiert und in einem der nächsten Governance Meetings besprochen.

Governance- oder Steuerungsmeetings

Hier geht es um die Spielregeln, um Rollen, Verantwortlichkeiten oder Richtlinien für die Zusammenarbeit. Wie werden Schnittstellen organisiert, wie sind Prozesse geregelt, wer übernimmt welche Aufgaben, welche Rolle ist für welche Aufgaben verantwortlich, wer darf was, wie werden Dienstpläne erstellt, welche Arbeitszeiten vereinbaren wir, welche Regeln gelten in Meetings?

---

160 https://czipin.com/expertise/reorganisation-fuerungsverhalten/effizient-fuehren-Homeoffice/ (30.11.2020).
161 *Robertson* 2007.
162 *Maier/Simsa* 2019.

Strategische Meetings

In Strategiemeetings wird die grundlegende Ausrichtung der Organisation besprochen, ihr Purpose und der generelle „Fahrplan" für die weitere Entwicklung. Welche Produkte, Marktsegmente oder Kundengruppen sollen in Zukunft priorisiert werden, welche Leitbilder oder Visionen verfolgt die Organisation, was soll in Zukunft nicht oder weniger gemacht werden.

Wir halten die Trennung dieser verschiedenen Meetingtypen in der Praxis für sinnvoll. Vermutlich braucht es eine gewisse Gewöhnungszeit, danach sollten Meetings aber deutlich effizienter werden. Insbesondere bei Arbeit mit Homeoffice schlagen wir vor, regelmäßig ein Governance Meeting (mindestens eines pro Monat) zur Klärung von Regeln und Prozessen anzusetzen. Bei allen anderen Meetings wird ausschließlich Operatives besprochen, also alltägliche Entscheidungen in bestehenden Aufgaben oder Projekten. Offene Governance-Fragen werden in einer gemeinsamen Liste festgehalten. Dies erlaubt zum einen ein definiertes Zeitbudget für die Steuerung, zum anderen werden laufende operative Meetings (taktische Meetings) entlastet.

8.4.2. „Good enough to try"

Wir empfehlen bei einer Zunahme an Homeoffice die Haltung des „good enough to try" – oder „safe enough to try" – deutlich auszubauen. Sie stammt aus dem Organisationsmodell der Soziokratie.[163] Das Prinzip bedeutet, dass nicht die bestmögliche Entscheidung angestrebt wird, sondern eine, die gut genug ist, um die Weiterarbeit zu sichern, und die den Zweck der Organisation nicht gefährdet. Vieles kann demnach sehr rasch ausprobiert und gegebenenfalls auch wieder revidiert werden. Während sonst in der Praxis meist ein „Nein" stärker wirkt als ein „Ja", wird hier der Spieß umgedreht und damit Veränderung eher ermöglicht.[164] Einwänden auf neue Ideen oder Vorschläge wird nur dann stattgegeben, wenn glaubhaft gemacht werden kann, dass deren Umsetzung dem Erreichen des Organisationszwecks schaden könnte. Wenn es darum geht, Prozesse zu verschlanken, neue Formen der Zusammenarbeit auszuprobieren und generell auch einmal etwas Neues zu probieren, dann kann dieses Prinzip ein guter Wegweiser sein. Statt „das haben wir doch schon immer so gemacht" also ein „das Neue ist den Versuch wert".

Ein Entscheidungsverfahren, das sich dieser Haltung bedient, ist das „Entscheiden im Konsent", ein zentrales Element der Soziokratie. Man sucht nicht die perfekte Lösung (den Konsens), sondern versucht, möglichst schnell ins Handeln zu kommen und Entscheidungen danach iterativ und auf Basis der Erfahrungen zu verbessern. Kern des Entscheidungsverfahrens ist, dass es nicht darum geht, ein Ergebnis zu erreichen, dem jeder zustimmen kann, sondern sich für ein Ergebnis zu entscheiden, gegen das niemand einen schwerwiegenden Einwand hat. Damit scheiden zum Beispiel Vetos ohne Begründung aus. Ein schwerwiegender Einwand ist dann vorhanden, wenn die Entscheidung

---

163   Soziokratie ist ein Modell für die demokratische Selbstverwaltung von Organisationen beliebiger Größe. Vgl. *Romme* 1999, *Maier/Simsa* 2019

164   *Maier/Simsa* 2019.

zu echten, benennbaren Risiken und Gefahren für das Ziel der Organisation führen kann. Ein eventuell vorhandenes schlechtes Bauchgefühl ist demnach nur ein leichter Einwand und kann die Entscheidung nicht verhindern, wohl aber die Entscheidungsgrundlage verändern.

8.4.3. Elemente der agilen Organisation

Das Prinzip der agilen Organisation wurde in den letzten Jahren va in Beraterkreisen enthusiastisch diskutiert. Grundprinzipien sind explorative Vorgehensweisen, Lernen, Selbstverantwortung und Selbstorganisation in relativ autonomen Kreisen.[165] Die agile Organisation ist eine spezifische Ausprägung der Projektorganisation, alle Prozesse und Strukturen sind hier darauf ausgelegt, schnellstmöglich auf Unerwartetes reagieren zu können.

Statt langfristiger Planung, wo Projekte bis zum Ende hin durchgeplant werden, werden auf Basis einer starken Ergebnisorientierung erste Schritte unternommen („Sprints"), diese werden reflektiert und die Richtung gegebenenfalls adaptiert. Lösungen entstehen also nicht primär durch Nachdenken, sondern durch Probieren, Evaluieren und Anpassung. Ein „agiles Mindset" soll zu Vertrauen und Transparenz führen[166] und über mehr Verantwortung der beteiligten Personen[167] zu funktionierender Selbstorganisation.

Auch wenn Ihre Organisation oder Abteilung nicht zur Gänze auf agile Steuerung umgestellt werden kann oder soll, was sich auf jeden Fall lohnen könnte, sind folgende Prinzipien zu beherzigen, die auch auf einzelne Prozesse angewandt werden können:

- Bereitschaft, zu lernen
- Ausprobieren – Exploration
- Kurzfristige Feedbackmechanismen
- Kontinuierliche Anpassung des Prozesses

Eine Empfehlung dazu wäre der „Versuch der Woche": Welchen Prozess wollen wir diese Woche ein wenig anders gestalten? Wir probieren das diese Woche aus und reflektieren am Freitagnachmittag, ob wir es beibehalten, adaptieren oder wieder zurücknehmen. Wichtig dafür ist eine offene Unternehmens-, Frage- und Feedbackkultur.

8.4.4. Arbeit an der Organisationskultur: Umgang mit digitalen Meeting-Formaten

Arbeitnehmer, mit denen wir in der letzten Zeit gearbeitet haben, waren überrascht, dass während der Covid-Krise zwar unzählige digitale Meetings abgehalten wurden, diese Technologie aber kaum für Großevents genutzt wurde, wie etwa für große Strategieworkshops, Informationstage oder organisationsinterne Fachtagungen. Solche Veranstaltungen verursachen – besonders in größeren, internationalen Organisationen – hohen

---

165 Agiles Manifest 2001, https://www.bibsonomy.org/bibtex/28954248a545d88dd2c0e688d1c7e2f9d/juve?lang=de (18.12.2020).
166 *Appelo* 2010.
167 *Krizanits/Eissing/Stettler* 2017.

Organisations-, Ressourcen- und Reiseaufwand. Würden sie digital abgehalten werden, könnten sie nicht nur ressourcen- und auch umweltschonender organisiert werden, sondern insgesamt niederschwelliger, da für viele Beteiligte der persönliche Reiseaufwand wegfiele. Die technischen Möglichkeiten der Visualisierung, der Stimmungsabfrage oder von Abstimmungen sind groß, dh hier könnten die Teilnehmerinnen leichter interaktiv einbezogen werden als in klassischen, analogen Veranstaltungen, bei denen Mitarbeiter die Sache oft eher passiv über sich ergehen lassen müssen.

Wenn in der Organisation mit digitalen Großevents experimentiert wird, dann kann Folgendes sinnvoll sein:

- Die Gestaltung des Programms und der einzelnen Elemente des Ablaufs sollten in Zusammenarbeit mit externen, auf solche Events spezialisierten und erfahrenen Moderatorinnen stattfinden.
- Je größer das Event, umso essenzieller ist es, dass es zu keinen technischen Pannen kommt. Verglichen mit den Kosten von Events in Präsenz sind die Ausgaben für ein paar IT-Expertinnen, die sich um alles Technische kümmern, in jedem Fall verschwindend klein und lohnenswert.
- Die Erfahrung zeigt, dass Online-Events mehr und detailliertere Vorbereitung und Planung erfordern als Präsenzveranstaltungen.
- Es ist bei Online-Formaten besonders wichtig, die Teilnehmer zu aktivieren und zu involvieren. Die Möglichkeiten dazu sind ähnlich wie einige der in Kapitel 6 für virtuelle Meetings beschriebenen:
  - Break-out groups
  - Strukturierte Abfragen: Elektronisches Voting, strukturierte Abfrage von Meinungen (zB Vor- und Nachteil eines Vorschlags), Skalierungsfragen (zB wie sehr entspricht der Vorschlag unseren Erwartungen – auf einer Skala zwischen 0 und 10)
  - Bei elektronischen Abfragesystemen kann man auch Word-Clouds, die Reihung von Präferenzen oder offene Fragen auch bei sehr hohen Teilnehmerinnenzahlen verwenden.
- Online-Formate sind kürzer zu takten und Zeitvorgaben sind immer einzuhalten, denn noch viel mehr als in Präsenz tendieren Teilnehmer dazu, auch für kurze Pausen bereits andere Termine zu planen.

8.4.5. Lernen von sozialen Bewegungen – Kollektive Reflexion und Regeln in der Organisation

Untersuchungen über Leadership in Organisationen von sozialen Bewegungen wie etwa der Bewegung der Empörten (Indignados) in Spanien oder Occupy Wallstreet in den USA könnten auch Anregungen zur praktischen Umsetzung in traditionelleren Organisationen bieten.[168] Theoretische Grundlage der Analyse sind Critical Leadership Studies, die Führung nicht als das Handeln einzelner Personen, sondern als Prozess des gesamten beteiligten Systems interpretieren und damit klar zwischen Leadership und Führungs-

---

168 *Simsa* 2019.

personen unterscheiden.[169] Hier liegt der Fokus stark auf partizipativem Leadership. Hierarchie oder formale Autorität werden abgelehnt. Leadership wird primär als Dienst an der Gemeinschaft gesehen. Mit der Ablehnung von formalen Positionen und hoher Beteiligung an allen Prozessen gehen auch Schwierigkeiten einher, wie insbesondere informelle Hierarchien und Ineffizienzen.

Diese Schwierigkeiten sind nicht überraschend. Interessant waren für uns allerdings zwei weithin geteilte Praktiken des Umgangs damit, nämlich kollektive Reflexion sowie geteilte, klare und oft strikte Regeln. Beides war in der Praxis deutlich auf hohem Niveau beobachtbar. Die kollektive Reflexion interner Prozesse wird als Teil der täglichen Arbeit beschrieben. Es gibt eine hohe Bereitschaft zu Experimenten mit organisationalen Formen und Prozessen. Die Bereitschaft, sich kollektiver Beobachtung, Feedback und Reflexion auszusetzen, wird in Zusammenhang mit gutem Leadership gebracht. Dies ist auch für konventionelle Organisationen relevant. Organisationsentwicklung und Gruppendynamik propagieren schon lange (und oft vergeblich) mehr Aufmerksamkeit für Prozesse, für das Experimentieren mit der eigenen Organisation und kollektive Reflexion als Basis für Effektivität und Lernen. Regeln wiederum dienen vor allem dazu, erwünschte Formen von Kommunikation und von Leadership zu gewährleisten.

Prinzipien der Organisation von sozialen Bewegungen sind vermutlich nicht vollständig auf Organisationen in Wirtschaft oder Verwaltung übertragbar, da Ziele, Ideologien und Rahmenbedingungen sehr verschieden sind. Aber es gibt im Angesicht neuer Herausforderungen in einer sich rasch ändernden, komplexen Welt, mit vielen Nachteile von starren Hierarchien,[170] oft den Wunsch nach neuen, partizipativen Formen von Leadership und wohl auch die Notwendigkeit, kluge neue Konzepte von Führung zu entwickeln. Folgende Anregungen sollten auch mit der Logik von konventionellen Organisationen vereinbar sein:

Erstens: Etablieren Sie Zeit für regelmäßige gemeinsame Reflexion. Dies muss sich nicht nur im Rahmen jährlicher Strategie- oder Teamworkshops abspielen. Es geht hier darum, die eigene Organisation und ihre Dynamik zu verstehen, sie auf Angemessenheit zu überprüfen und experimentell dort zu verändern, wo Prozesse dysfunktional sind. Wir beobachten in vielen Unternehmen, dass Reflexion vorwiegend dann stattfindet oder auch vorgeschrieben ist, wenn etwas nicht oder nur schlecht funktioniert. Lernen lässt sich aber ebenso aus Erfolgen. Ein Beispiel für gemeinsame Reflexion, die in der Praxis gut funktioniert, ist Supervision. Diese findet in regelmäßigen, definierten Abständen und Formen statt, völlig unabhängig davon, ob es bestimmte Anlässe dazu gibt. Gerade in der Situation verstärkter Homeoffice-Arbeit erscheint organisierte, regelmäßige und verbindliche Reflexion im Team besonders notwendig, weil der ungeplante, rasche, spontane Austausch deutlich abnimmt.

Zweitens: Nutzen Sie diese kollektive Selbstaufklärung, also die Reflexion der eigenen Muster, auch für die gemeinsame Entwicklung und Überprüfung von handlungsleitenden Regeln. Dies betrifft nicht nur formale Regelwerke, damit sind die meisten Organisationen

---

169 *Simsa/Totter* 2020; *Sutherland/Land/Böhm* 2014.
170 *Heintel/Krainz* 2011.

gut ausgestattet, sondern auch die weicheren, oft informellen und auf Verhalten bezogenen Regeln. Nicht ohne Grund wird im Rahmen von extern begleiteten Strategieworkshops häufig das Bedürfnis geäußert, Verhaltensrichtlinien zu diskutieren und zu formulieren. Wie soll Kooperation gestaltet werden, wie mit Fehlern und Konflikten umgegangen werden etc?

Drittens: Unterziehen Sie auch die gelebte Führung kollektiver Reflexion. Es kann gemeinsam hinterfragt werden, wie weit die Gestaltung von Führung der Organisation und Situation angemessen ist. Aus der Beratung wissen wir, dass regelmäßiges Feedback die Qualität des Führungshandelns erhöhen kann und dass verteilte Führung zu höherer organisationaler Problemlösungskompetenz führen können.

Führungswerkzeug

Checkliste der sechs Grundsätze/Fragen für die Gestaltung organisationaler Regeln

- Einfachheit: Reduktion auf das Wichtige, Einfachheit und unkomplizierte Lösungen erfordern Mut und persönliche Klarheit. Dies gibt Mitarbeiterinnen mehr Orientierung als komplizierte Regelwerke.
- Notwendigkeit: Hinterfrage die Notwendigkeit von Regeln. Organisationen tendieren zur Anhäufung von immer mehr Regulierungen. Vom Kleiderschranksymptom (der Schrank wird immer voller) zur Kleiderschrankstrategie (bei jedem Kauf von Neuem werden entsprechend viele alte Kleidungsstücke aussortiert).
- Tauglichkeit für Homeoffice: Passen bestehende Regeln für Homeoffice oder müssen sie angepasst werden?
- Kundinnenorientierung: Wie kundenorientiert sind unsere Regeln, woran werden Kundinnen merken, dass wir uns daran gehalten haben?
- Mitarbeiter- versus Aufgabenorientierung: Haben wir in unserem Regelwerk eine adäquate Berücksichtigung sowohl der Personen und ihrer Bedürfnisse als auch angemessene Orientierung an Aufgaben und Zielen?
- Purpose-Orientierung: Prüfen Sie Entscheidungen daran, ob es Widersprüche zum Sinn und Zweck der Organisation gibt und ob die internen Regeln die Purposeorientierung unterstützen.

---

9. Resümee: Empfehlungen und Tipps für Mitarbeiterinnen und Führungskräfte

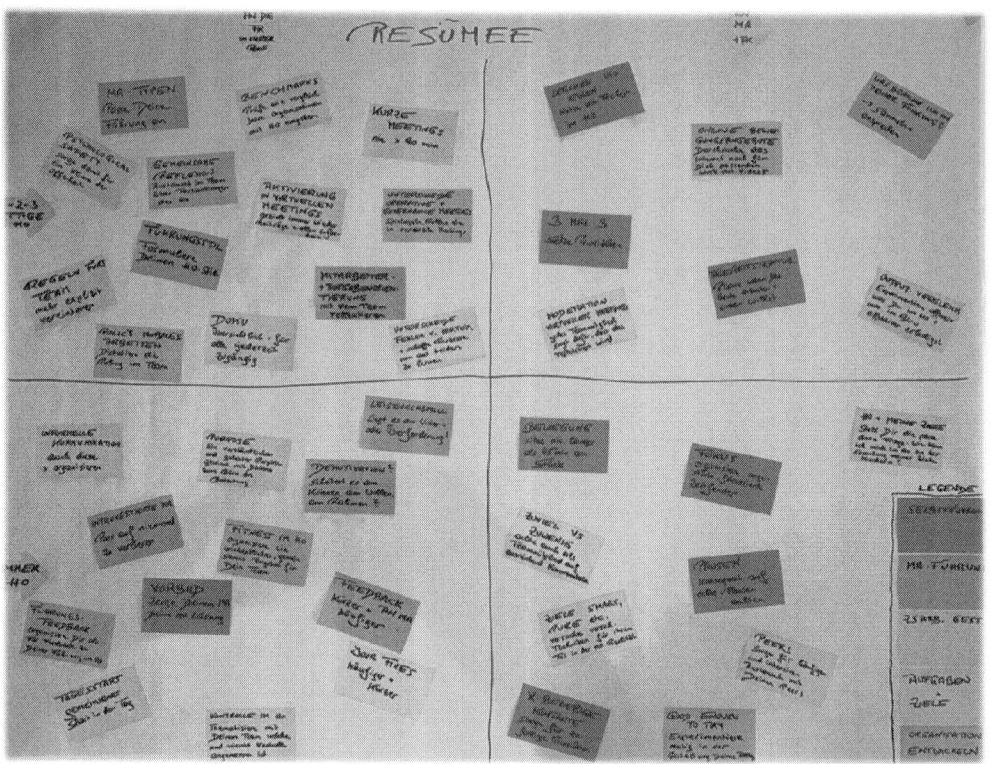

Abb. 29: Tipps und Empfehlungen [Quelle: eigene Darstellung]

Anstatt einer Zusammenfassung stellen wir im Folgenden ausgewählte Empfehlungen vor. Wir haben dazu Tipps aus den einzelnen Kapiteln ausgewählt. Wir unterscheiden dabei Situationen, in denen ausschließlich im Homeoffice gearbeitet wird, von jenen, in denen regelmäßig an zwei bis drei Tagen pro Woche im Homeoffice gearbeitet wird. Ein Teil der Tipps richtet sich weiters an Führungskräfte in ihrer Führungsrolle. Der andere Teil beinhaltet allgemeine Hinweise, die sich sowohl an Mitarbeiter als auch an Führungskräfte im Homeoffice richten; hier geht es um die Selbstführung, den Umgang mit sich selbst im Homeoffice. Diese Empfehlungen stammen aus einem lockeren Brainstorming der Autoren und sind daher auch informeller als der restliche Text formuliert. Die Du-Form scheint uns zudem für die persönlich gehaltenen Anregungen passender.

9.1. Empfehlungen für Führungskräfte bei teilweisem Homeoffice

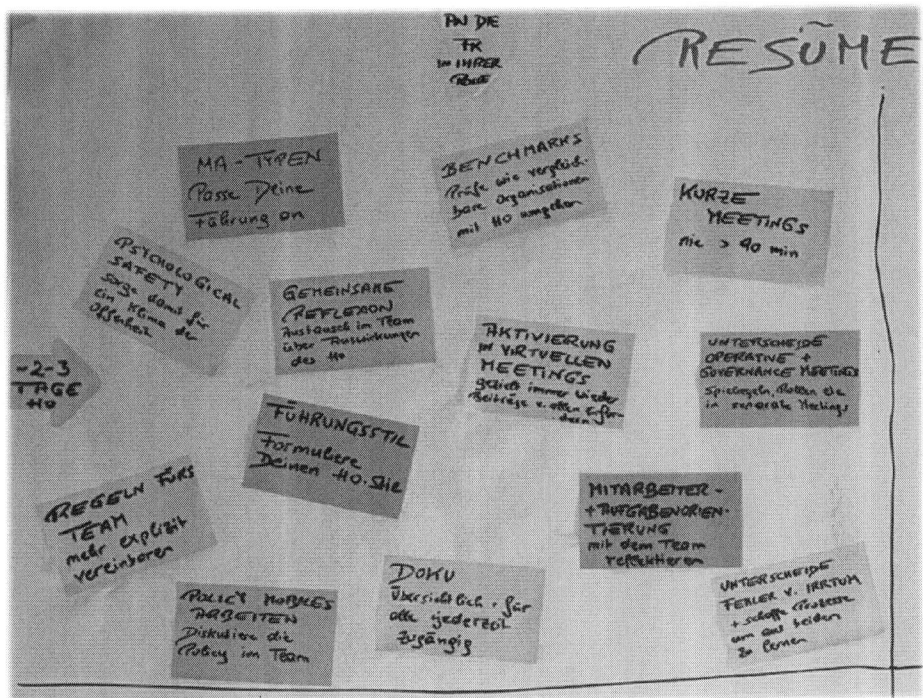

Abb 30: Empfehlungen für Führungskräfte bei teilweisem Homeoffice (Quelle: eigene Darstellung)

Führungsstil

Benenne und charakterisiere deinen Homeoffice-Führungsstil (eventuell in Form einer Elevator Speech von einer Minute). Was ist spezifisch für die Homeoffice-Situation?

Mitarbeitertypen

Überlege, welche Persönlichkeitstypen deine Mitarbeiterinnen sind, und versuche, deinen Führungsstil, deinen Umgang mit ihnen bzw die Gestaltung von Kontakten entsprechend anzupassen.

Mitarbeiter- versus Aufgabenorientierung

Reflektiere mit dem Team die wechselseitigen Erwartungen in Bezug auf Unterstützung und Beachtung von Personen sowie Zielerreichung und Arbeitspensum.

Regeln im Team

Regeln müssen bei Homeoffice expliziter und klarer vereinbart werden (zB in Bezug auf Zuständigkeiten, Informationsweitergabe, Umgang mit Zeit).

Dokumentation

Sorge für laufende und übersichtliche Dokumentation von Vereinbarungen und To-dos auf einem jederzeit und allen zugänglichen Ort.

Kurze Meetings

Virtuelle Meetings sollten generell kürzer als Präsenztreffen angesetzt werden. Wir empfehlen eine maximale Dauer von 90 Minuten.

Aktivierung bei virtuellen Meetings

Durch gezielte Moderation sollen Teilnehmende regelmäßig einbezogen und aktiviert werden (Blitzlicht, Abfragen, Chat etc)

Benchmark

Prüfe, wie vergleichbare Organisationen mit Homeoffice umgehen (wie sind Kommunikation, Kontrolle, Arbeitszeit etc organisiert, was ist geregelt, was nicht?)

Fehlermanagement

Unterscheide Fehler und Irrtum, schaffe Prozesse, um aus beidem zu lernen, und kommuniziere das auch transparent.

Psychological Safety

Schaffe eine Kultur, in der Unsicherheit, Fehler oder Zweifel nicht bestraft werden, sodass offen kommuniziert werden kann. Dazu gehört auch, Arbeit als Lernproblem und nicht als ein reines Ausführungsproblem zu verstehen.

Unternehmens-Policy für mobiles Arbeiten

Thematisiere die Regeln der Organisation für mobiles Arbeiten mit deinen Mitarbeiterinnen und kläre offene Fragen. Sollte die Organisation hier keine oder zu wenig Klarheit schaffen, dann stelle für das Team oder gemeinsam mit dem Team passende Regeln auf.

Unterschied von Governance- und operativen Meetings

Organisiere regelmäßig ein Governance Meeting zur Klärung von Regeln und Prozessen. Bei allen anderen Meetings wird ausschließlich Operatives besprochen, also alltägliche Entscheidungen in bestehenden Aufgaben oder Projekten.

Gemeinsame Reflexion über den Umgang mit Homeoffice

Sprich mit dem Team darüber, was das Homeoffice bewirkt und wie bestmöglich damit umgegangen werden kann. Diese Zeit der regelmäßigen gemeinsamen Reflexion dient auch dazu, die eigene Organisation und ihre Dynamik zu verstehen und gegebenenfalls anzupassen. Da im Homeoffice der spontane Austausch deutlich abnimmt, gewinnt organisierte, regelmäßige und verbindliche Reflexion im Team an Bedeutung.

9.2. Empfehlungen für Führungskräfte bei ausschließlichem Homeoffice

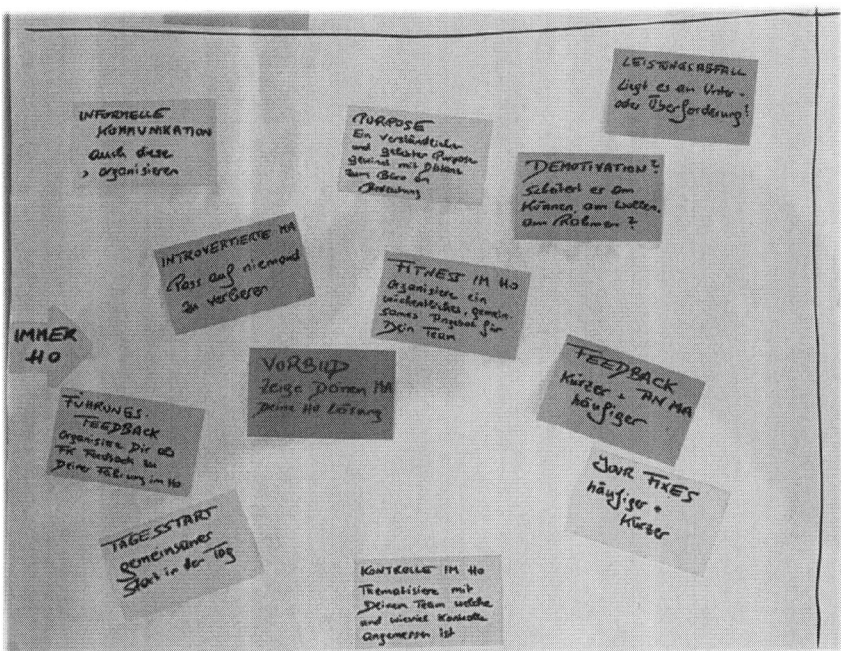

Abb. 31: Empfehlungen für Führungskräfte bei ausschließlichem Homeoffice [Quelle: eigene Darstellung]

Vorbildwirkung

Zeige den Mitarbeiterinnen, wie du selbst den Alltag im Homeoffice gut, gesund und organisiert lebst.

Demotivation? Leistungsbereitschaft – Leistungsfähigkeit – Leistungsmöglichkeit

Versuche herauszufinden, woran Demotivation eines Mitarbeiters liegen kann. Kümmere dich jedenfalls um die Leistungsmöglichkeit (Information, technische Ausstattung etc), unterstütze bei der Leistungsfähigkeit (Coaching, Weiterbildung etc), das sind die Schrauben, an denen du drehen kannst.

Leistungsabfall – Liegt es an Unter- oder Überforderung?

Von außen betrachtet können die Effekte gleich aussehen, die notwendigen Maßnahmen sind jedoch konträr (Druck erhöhen versus Druck herausnehmen).

Feedback

Im Homeoffice braucht es kürzeren und häufigeren Kontakt, Rückmeldungen und Reaktionen.

Introvertierte Mitarbeiter

Achte besonders darauf, die zurückgezogenen, introvertierten Personen aus dem Team nicht zu verlieren.

Jour fixes

Besprechungen sollten deutlich häufiger, aber auch deutlich kürzer gestaltet werden als bei Arbeit im gemeinsamen Büro. Kein virtuelles Meeting darf länger als 90 Minuten dauern, ideal ist maximal eine Stunde.

Gemeinsamer Start in den Tag

Beginne den Tag gemeinsam, mit einem kurzen Tele-Meeting, zur Herstellung von Kontakt und Formulierung von Zielen.

Informelle Kommunikation organisieren

Gestalte als Führungskraft auch das Informelle ein Stück weit mit, achte darauf, dass niemand verlorengeht, überprüfe, ob du passend einbezogen bist, und unterstütze das Team, wenn notwendig.

Purpose

Die Bedeutung des Purpose steigt mit zunehmender Distanz zum Büro. Achte daher besonders darauf, einen klaren, griffigen Purpose für deine Organisation(seinheit) zu formulieren und zu leben, am besten erarbeitest du diesen mit deinen Mitarbeiterinnen gemeinsam. Dieser Daseinszweck bzw das grundlegende Ziel kann als Grundlage für alle wichtigen Entscheidungen dienen.

Kontrolle

Thematisiere im Team, welche und wieviel Kontrolle angemessen ist. Werden technische Tools dafür eingesetzt, wenn ja, mit welchen Kriterien, und wie können Ergebnisse zugeschrieben und bewertet werden?

Fitness im Homeoffice

Organisiere im Rahmen der digitalen betrieblichen Gesundheitsförderung ein regelmäßiges (wöchentliches) und attraktives Bewegungsangebot für dein Team, das online, aber synchron abgehalten wird, das also alle gleichzeitig durchführen.

Führungs-Feedback

Organisiere dir Feedback von den Mitarbeiterinnen zur Frage, wie weit deine Führung als hilfreich für die Arbeit im Homeoffice erlebt wird bzw welche Änderungen gewünscht sind. Diese kollektive Reflexion der Führung kann die Qualität des Führungshandelns deutlich erhöhen.

9.3. Empfehlungen für Führungskräfte und Mitarbeiterinnen bei teilweisem Homeoffice

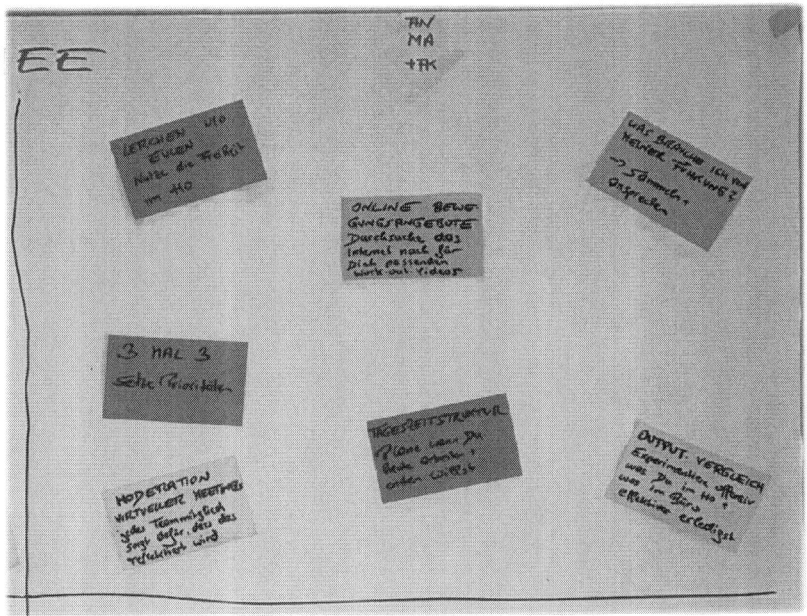

Abb 32: Empfehlungen für Führungskräfte und Mitarbeiterinnen bei teilweisem Homeoffice
(Quelle: eigene Darstellung)

3 × 3

Achte auf deine Prioritäten: 3 Listen mit genau 3 Punkten. 3 Prioritäten, 3 weniger dringende Aufgaben, 3 längerfristige Anliegen.

Lerche oder Eule?

Nutze die Freiheit des Homeoffice, um den Tag möglichst deinem Typ entsprechend zu gestalten.

Tageszeitstruktur

Plane fixe Arbeitszeiten, Routinen und damit auch ein klares Ende des Arbeitstages!

Aus Sicht der Mitarbeiter: Qualität der Moderation virtueller Meetings

Sorge auch du für die Reflexion der Moderation (gibt es entsprechende Pausen, ist der Umgang mit Zeit passend, kommt jeder zu Wort, ist der Umgang mit der Videofunktion adäquat?)

Aus Sicht der Mitarbeiterinnen: Was brauche ich von der Führung?

Gib deiner Chefin Feedback und trage so dazu bei, das von der Führung zu bekommen, was du brauchst, um deinen Job gut zu erledigen.

Aus Sicht der Mitarbeiterinnen: Vergleich des Outputs

Vergleiche systematisch deine Arbeitsergebnisse an Tagen des Homeoffice bzw Tagen im Büro. Experimentiere offensiv damit, welche Tätigkeiten du effektiver im Homeoffice bzw im Büro erledigst, und strukturiere deine Arbeitstage entsprechend.

Aus Sicht der Mitarbeiter: Online-Bewegungsangebote

Durchsuche das Internet nach für dich passenden Workout-Videos und führe täglich eines davon aus.

9.4. Empfehlungen für Führungskräfte und Mitarbeiter bei ausschließlichem Homeoffice

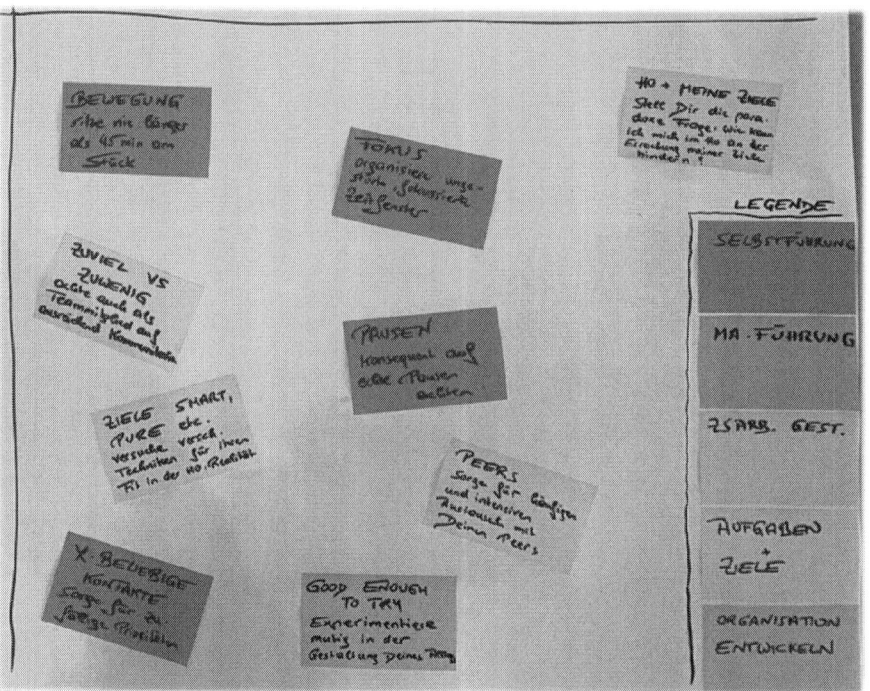

Abb. 33: Empfehlungen für Führungskräfte und Mitarbeiter bei ausschließlichem Homeoffice (Quelle: eigene Darstellung)

Bewegung

Sitze nie länger als 45 Minuten am Stück und baue auch regelmäßige längere Bewegungseinheiten in deinen Alltag ein.

Pausen

Mach konsequent echte, befriedigende, regelmäßige Pausen.

X-beliebige Kontakte organisieren

Sorge für zufällige Begegnungen, suche zB einmal pro Woche einen x-beliebigen Bekannten aus und kontaktiere ihn.

Fokus

Organisiere dir möglichst ungestörte und fokussierte Zeiteinheiten, indem du Ablenkungen minimierst (Türe schließen, mit Familienmitgliedern Zeitfenster vereinbaren, Telefon ausschalten etc)

Balance zwischen zuviel und zuwenig Kommunikation

Achte auch als Teammitglied darauf, dass das Ausmaß der Kommunikation im Team für deine Arbeit und deine Bedürfnisse entsprechend gestaltet wird.

Zielformulierung: SMART, PURE etc

Überprüfe unterschiedliche Techniken der Zielformulierung auf ihre Passung mit der Homeoffice-Realität, adaptiere sie wenn nötig und wende sie konsequent im Arbeitsalltag an. Beispiele dafür sind SMART-Ziele (spezifisch, messbar, attraktiv, realistisch und terminiert) oder PURE-Ziele (positively/understood/realistic/ethical).

Homeoffice und Ziele

Stelle dir die paradoxe Frage: „Wie könnte ich mich im Homeoffice am besten an der Erreichung meiner persönlichen Ziele hindern?" Sich wirklich auf eine paradoxe Frage einzulassen, eröffnet oft neue und kreative Zugänge.

Peers

Sorge für häufigen und intensiven Austausch mit deinen eigenen Peers, dh mit Personen, die in der Organisation eine ähnliche Position innehaben.

Good enough to try

Experimentiere mit der Haltung des „good enough to try" bei der Gestaltung deines eigenen Arbeitstages. Das meint nicht die bestmögliche Entscheidung anzustreben, sondern eine, die gut genug ist, um die Weiterarbeit zu sichern und die den Zweck der Organisation nicht gefährdet.

Danksagung

Wir möchten uns zum einen herzlich bei *Petra Geppl* bedanken. Sie hat uns bei diesem Buch – wie auch bei den beiden vorangegangenen gemeinsamen Publikationen – wieder verlässlich, kompetent und freundlich begleitet. Verlässlichkeit und Kompetenz sind enorm wichtig, um ein solches Projekt gut zu Ende zu bringen, von der Organisation der Literaturverweise bis zur Aufdeckung von Fehlern im Text. (Vor allem *Ruth Simsa* hilft die Sicherheit, sich auf *Petra* verlassen zu können, seit vielen Jahren sehr. *Petra Geppl* hat sie bei mittlerweile weit über hundert Publikationen im Sekretariat unterstützt.) Die Freundlichkeit hilft als innere Haltung vermutlich gut im Umgang mit zwei Autoren und deren Änderungswünschen und Anforderungen. Nach außen, also im Kontakt mit uns, gibt diese Freundlichkeit einen nicht zu unterschätzenden Halt. Und sie macht immer gute Stimmung.

Weiters möchten wir *Katrin Haidinger* unseren Dank aussprechen. Im Rahmen ihrer Bachelorarbeit zum Thema Mitarbeiterführung im Homeoffice hat sie wertvolle Hinweise bezüglich des Kapitels zu unterschiedlichen Persönlichkeitstypen und deren Führung im Homeoffice gegeben.[1]

---

1   *Haidinger* 2020.

Literatur

Addas, S./Pinsonneault, A. (2018). Theorizing the Multilevel Effects of Interruptions and the Role of Communication Technology. Journal of the Association for Information Systems, 19, 1097–1129.

Agrawal, P./Sahana, H. S./Rahul, D. (2017). Digital Distraction. ICEGOV '17: Proceedings of the 10th International Conference on Theory and Practice of Electronic Governance, March, 191–194.

Akin, N./Rumpf, J. (2013). Führung virtueller Teams. Gruppendynamische Organisationsberatung, 44, 373–387.

Allen, D. (2015): Getting Things Done: The Art of Stress-Free Productivity. London: Penguin Books.

Amelang, M./Bartussek, D./Stemmler, G./Hagemann, D. (2006). Differentielle Psychologie und Persönlichkeitsforschung (6., vollständig überarbeitete Ausg.). Stuttgart: Kohlhammer.

Appelo, J. (2010). Management 3.0: Leading Agile Developers, Developing Agile Leaders. Boston: Addison-Wesley Professional.

Arntz, M./Yahmed, S. B./Berlingieri, F. (2019). Working from home: Heterogeneous effects on hours worked and wages. ZEW Discussion Paper Nr. 19-015, Mannheim.

Ayyagari, R. (2012). Impact of Information Overload and Task-technology Fit on Technostress. SAIS 2012. Proceedings of the Southern Association for Information Systems Conference, Atlanta, 23–24 March 2012, 18–22.

Badura, B./Ducki, A./Schröder, H./Klose, J./Meyer, M. (2019). Fehlzeiten-Report 2019. Schwerpunkt: Digitalisierung – gesundes Arbeiten ermöglichen. Berlin, Heidelberg: Springer.

Bailyn, L. (1988). Freeing work from the constraints of location and time. New Technology, Work and Employment, 3, 143–152.

Basile, K. A./Beauregard, T. A. (2016). Strategies for successful telework: how effective employees manage work/home boundaries. Strategic HR Review, 15, 106–111.

Bechky, B. A./Okhuysen, G. A. (2011). Expecting the Unexpected? How SWAT Officers and Film Crews Handle Surprises. Academy of Management Journal, 54, 239–261.

Bélanger, F. (1999). Workers, propensity to telecommute: an empirical study. Information and Management, 35, 139–153.

Bloom, N./Liang, J./Roberts, J./Zhichun, J. Y. (2015). Does working from home work? Evidence from a Chinese experiment. Quarterly Journal of Economics, 130, 165–218.

Bock-Schappelwein, J. (2020). Welches Home-Office-Potential birgt der österreichische Arbeitsmarkt? Wifo Research Briefs 4, https://www.wifo.ac.at/jart/prj3/wifo/resources/person_dokument/person_dokument.jart?publikationsid=65899&mime_type=application/pdf (12.01.2021).

Bonin, H./Eichhorst, W./Kaczynksa, J./Kümmerling, A./Rinne, U./Scholten, A./Steffes, S. (2020). Verbreitung und Auswirkungen von mobiler Arbeit und Homeoffice. Kurzexpertise im Auftrag des Bundesministerium für Arbeit und Soziales, https://www.bmas.de/SharedDocs/Downloads/DE/Thema-Arbeitsrecht/kurzexpertise-homeoffice.pdf?__blob=publicationFile&v=4 (12.01.2021).

Brandes, D. (2013). Einfach managen: Klarheit und Verzicht – der Weg zum Wesentlichen. Frankfurt am Main: Redline-Verlag.

Brenke, K. (2016). Home Office: Möglichkeiten werden bei weitem nicht ausgeschöpft. DIW Wochenbericht 5, 95–105.

Buchanan D. A./Hällgren, M. (2019). Surviving a zombie apocalypse: Leadership configurations in extreme contexts. Management Learning, 50, 152–170.

Buchinger, K./Schober, H. (2006). Das Odysseusprinzip. Leadership revisited. Stuttgart: Klett-Kotta.

Bundesministerium für Arbeit, Familie und Jugend: Ergonomisches Arbeiten im Homeoffice. Leitfaden und Checkliste für ein sicheres und gesundes Arbeiten zu Hause, November 2020.

Burke, C. S./Shuffler, Marissa L./Wiese, Christopher W. (2018). Examining the behavioral and structural characteristics of team leadership in extreme environments. Journal of Organizational Behavior, 39, 716–730.

Church, N. F. (2015). Gauging Perceived Benefits from „Working from Home" as a Job Benefit. International Journal of Business and Economic Development, 3, 81–89.

Clark, L. A./Karau, S. J./Michalisin, M. D. (2012). Telecommuting Attitudes and the „Big Five" Personality Dimension. Journal of Management Policy and Practice, 13, 31–46.

DeShazer, St. (2017). „… Worte waren ursprünglich Zauber". Lösungsorientierte Kurztherapie in Theorie und Praxis. Dortmund: Verlag Modernes Lernen.

DeShazer, St. (2018). Das Spiel mit Unterschieden: Wie therapeutische Lösungen lösen. Heidelberg: Carl-Auer Verlag.

Dierendonck, D./Patterson, K. (2015). Compassionate Love as a Cornerstone of Servant Leadership: An Integration of Previous Theorizing and Research. Journal of Business Ethics, 128, 119–131.

Digneo, G. (2018). Are Remote Workers happier than Office Employees? https://biz30.timedoctor.com/remote-workers-infographic/ (19.06.2020).

DuBrin, A. J. (1991). Comparison of the job satisfaction and productivity of telecommuters versus inhouse employees: a research note on work in progress. Psychological Reports, 68, 1223–1234.

Dutcher, G. (2012). The effects of telecommuting on productivity: an experimental examination. The role of dull and creative tasks. Journal of Economic Behavior and Organization, 84, 355–363.

Edmondson, A. C. (2012). Teaming: How Organizations Learn, Innovate, and Compete in the Knowledge Economy. San Francisco: Jossey-Bass.

Espinoza, R./Reznikova, L. (2020). Who can log in? The importance of skills for the feasibility of teleworking arrangements across OECD countries. OECD Social, Employment and Migration Working Papers, https://www.oecd-ilibrary.org/social-issues-migration-health/oecd-social-employment-and-migration-working-papers_,1815199x (10.12.2020).

Fink, F./Moeller, M. (2018). Purpose Driven Organizations: Sinn – Selbstorganisation – Agilität. Stuttgart: Schäffer-Poeschel.

Flecker, J./Herr, B./Schadauer, A. (2020). Arbeitszeit, Erreichbarkeit und selbstbestimmtes Arbeiten im Home Office, unveröff. Projektbericht, Wien.

Fonner, K. L./Roloff, M. E. (2010). Why Teleworkers Are More Satisfied with Their Jobs Than Are Office-Based Workers: When Less Contact Is Beneficial. Journal of Applied Communication Research, 38, 336–361.

Frankl, Viktor E. (2006). … trotzdem Ja zum Leben sagen – Ein Psychologe erlebt das Konzentrationslager. München: dtv.

Frese, M./Keith, N. (2015). Action Errors, Error Management, and Learning in Organizations. Annual Review of Psychology, 66, 661–687.

Freudenberger, H. J. (1974). Staff Burnout. Journal of Social Issues, 30, 159–165.

Gibson, C./McIntosh, T./Connelly, S./Day, E. A./Yammarino, F./Mumford, M. D. (2015). Leadership/followership for long-duration exploration missions final report (NASA TM- 2015-218567). Houston, TX: NASA.

Glöckler, U./Maul, G. (2010). Ressourcenorientierte Führung als Bildungsprozess: Systemisches Denken und Counselling-Methoden im Alltag humaner Mitarbeiterführung. Wiesbaden: VS Verlag für Sozialwissenschaften, Springer.

Golden, T. D. (2012). Altering the effects of work and family conflict on exhaustion: teleworking during traditional and nontraditional work hours. Journal of Business and Psychology, 27, 255–269.

Golden, T. D./Veiga, J. (2005). The Impact of Extent of Telecommuting on Job Satisfaction: Resolving Inconsistent Findings. Journal of Management, 31, 301–318.

Goleman, D. (2000). Leadership that gets results. Harvard Business Review, 78–90.

Grant, C. A./Wallace, L. M./Spurgeon, P. C. (2013). An exploration of the psychological factors affecting remote e-worker's job effectiveness, well-being and work-life balance. Employee Relations, 35, 527–546.

Greenleaf, R. K. (1977). Servant leadership: A journey into the nature of legitimate power and greatness. New York: Paulist Press.

Grunau, P./Ruf, K./Steffes, S./Wolter, S. (2019). Mobile Arbeitsformen aus Sicht von Betrieben und Beschäftigten. Homeoffice bietet Vorteile, hat aber auch Tücken. IAB-Kurzbericht. Aktuelle Analysen aus dem Institut für Arbeitsmarkt- und Berufsforschung, 11.

Haidinger, K. (2020). Mitarbeiterführung im Homeoffice. Bachelorarbeit am Institut für Soziologie und empirische Sozialforschung.

Hannah, S. T./Uhl-Bien, M./Avolio, B./Cavarretta, F. L. (2009). A framework for examining leadership in extreme contexts. The Leadership Quarterly, 20, 897–919

Hannay, M. (2016). Telecommuting: using personality to select candidates for alternative work arrangements. Journal of Management and Marketing Research, 20, 1–10.

Heintel, P./Krainz, E. E. (2011). Projektmanagement. Hierarchiekrise, Systemabwehr, Komplexitätsbewältigung (5., überarb. und erw. Auflage). Wiesbaden: Gabler.

Hildebrandt, M./Jehle, L./Meister, S./Skoruppa, S. (2013). Closeness at a distance – Leading virtual groups to high performance. Oxfordshire: Libri Publishing.

Hill, J. E./Ferris, M./Märtinson, V. (2003). Does it matter where you work? A comparison of how three work venues (traditional office, virtual office, and home office) influence aspects of work and personal/family life. Journal of Vocational Behavior, 63, 220–241.

Hussain, A. (2019). History of OKRs – From Peter Drucker to Andy Grove. https://aliyar hussain.com/history-of-okrs-peter-drucker-andy-grove/ (5.11.2020).

Jost, M. (2020). Das Paradox der Konnektivität. Über das richtige Maß an Konnektivität im Homeoffice. https://medium.com/zero360/das-paradox-der-konnektivit%C3%A4t-d290fa168c51 (6.4.2020).

Judge, T. A./Thoresen, C. J./Bono, J. E./Patton, G. K. (2001). The Job Satisfaction – Job Performance Relationship: A Qualitative and Quantitative Review. Psychological Bulletin, 127, 376–407.

Kaltenbrunner, K. A./Simsa, R. (2020). Leading in extreme contexts: The interplay of shared and vertical leadership in civil society organizations in the European refugee crisis. VOLUNTAS: International Journal of Voluntary and Nonprofit Organizations.

Kelliher, C./Anderson, D. (2010). Doing more with less? Flexible working practices and the intensification of work. Human Relations, 63, 83–106.

Kirschenbaum, D. S./Ordman, A. M./Tomarken, A. J./Holtzbauer, R. (1982). Effects of differential self-monitoring and level of mastery on sports performance: Brain power bowling. Cognitive Therapy and Research, 6, 335–341.

Klein, K. J./Ziegert, J. C./Knight, A. P./Xiao, Y. (2006). Dynamic delegation: Shared, hierarchical, and deindividualized leadership in extreme action teams. Administrative Science Quarterley, 51, 590–621.

Kolb, D. G./Collins, P. D./Lind, E. A. (2008). Requisite Connectivity: Finding flow in a not-so-flat world. Organisational Dynamics, 27, 181–189.

Krishnan, S./Lim, V. K. G./Thompson, S. H. T. (2010). How Does Personality Matter? Investigating the Impact of Big-Five Personality Traits on cyberloafing. Paper presented at the Thirty First International Conference on Information Systems, St. Louis.

Krizanits, J./Eissing, M./Stettler, K. (2017). Reinventing Leadership Development. Führungstheorien – Leitkonzepte – radikal neue Praxis. Stuttgart: Schäffer-Poeschel.

Landes, M./Steiner, E./Wittmann, R./Utz, T. (2020). Führung von Mitarbeitenden im Home Office. Umgang mit dem Heimarbeitsplatz aus psychologischer und ökonomischer Perspektive. Wiesbaden: Gabler.

Lang, D. S. (2009). Soziale Kompetenz und Persönlichkeit: Zusammenhänge zwischen sozialer Kompetenz und den Big Five der Persönlichkeit bei jungen Erwachsenen (Band 61). Landau: Empirische Pädagogik.

Laux, L. (2008). Persönlichkeitspsychologie (2., überarbeitete und erweiterte Ausg.). Stuttgart: Kohlhammer.

Lei, C. F./Ngai, E. W. T. (2014). The Double-Edged Nature of Technostress on Work Performance: A Research Model and Research Agenda. Thirty Fifth International Conference on Information Systems, 1-18.

Lichtenstein, B. B./Plowman, D. A. (2009). The leadership of emergence: A complex systems leadership theory of emergence at successive organizational levels. The Leadership Quarterly, 20, 617–630.

Lindner, D./Greff, T. (2019). Führung im Zeitalter der Digitalisierung – was sagen Führungskräfte? HMD Praxis der Wirtschaftsinformatik, 56, 628–646.

Lindsay, D. R./Day, D. V./Halpin, S. M. (2011). Shared leadership in the military: Reality, possibility or pipedream? Military Psychology, 23, 528–549

Lippold, D. (2019). Führungskultur im Wandel. Klassische und moderne Führungsansätze im Zeitalter der Digitalisierung. Wiesbaden: Springer Gabler.

Lobacher, P./Jacob, C. (2019). Der OKR-Guide „Objectives & Key Results": Der offizielle Leitfaden für agile Mitarbeiterführung mit OKR. https://www.die-agilen.de/fileadmin/downloads/okr-guide-free.pdf, 2.11.2020.

Maier, F./Simsa, R. (2019). Management solidarökonomischer Unternehmen. Ein Leitfaden für Demokratie und Nachhaltigkeit. Stuttgart: Schäffer Poeschel.

Manz, C. C./Sims, H. P. (2001). The New SuperLeadership: Leading Others to Lead Themselves. San Francisco: Berrett-Koehler Publishers.

McCrae, R. R./Costa, P. T. (2003). Personality in Adulthood: A Five-factor Theory Perspective. New York: The Guilford Press.

McGregor, D. (2005). The Human Side of Enterprise: Annotated Edition. New York: McGraw-Hill Education.

Meyer, K. (2019). Persönlichkeit, Selbststeuerung und Schlüsselkompetenzen erfolgreicher Unternehmerinnen: Mit erziehungswissenschaftlichen Implikationen. Wiesbaden: Springer Gabler.

Morganson, V. A./Major, D. A./Oborn, K. L./Verive, J. M./Heelan, M. P. (2010). Comparing Telework Locations and Traditional Work Arrangements: Differences in Work-Life Balance Support, Job Satisfaction, and Inclusion. Journal of Managerial Psychology, 25, 578–595.

Olson, M. H. (1989). Work at home for computer professionals: current attitudes and future prospects. ACM Transactions on Information Systems (TOIS), 7, 317–338.

Patak, M./Simsa, R. (2015). Kunststück Führung. Worauf es erfolgreichen Führungskräften ankommt. Wien: Linde.

Pause, C. (2018). Im Sprint zum agilen Performance Management?! https://newmanagement.haufe.de/leadership/im-sprint-zum-agilen-performance-management, 2.11.2020.

Peeters, M. A. G./van Tuijl, H. F. J. M./Rutte, C. G./Reymen, I. M. M. J. (2006). Personality and Team Performance: A Meta-Analysis. European Journal of Personality, 20, 377–396.

Preußig, J./Sichart, S. (2019). Agiles Führen: Aktuelle Methoden für moderne Führungskräfte. Freiburg im Breisgau: Haufe.

Pullan, P. (2016). Virtual Leadership: Practical Strategies for Getting the Best Out of Virtual Work and Virtual Teams. London et al.: Kogan Page.

Rammsayer, T./Weber, H., (2016). Differentielle Psychologie – Persönlichkeitstheorien (2. korrigierte Ausg.). Göttingen: Hogrefe Verlag.

Rapoza, K. (2013). One In Five Americans Work From Home, Numbers Seen Rising Over 60 %. https://www.forbes.com/sites/kenrapoza/2013/02/18/one-in-five-americans-work-from-home-numbers-seen-rising-over-60/?sh=4c29321825c1 (5.5.2020).

Remhof, S. (2015). Absicht zur Arbeit im Ausland: Der Einfluss von Persönlichkeitsmerkmalen und internationaler Erfahrung. Wiesbaden: Springer Gabler.

Reshma, P. S. A./Shailashree, V. T./Acharya, P. S. (2015). An Empirical Study on Working from Home: A Popular E-Business Model. International Journal of Advance and Innovative Research, 2, 12–18.

Robertson, B. J. (2007). Leading-Edge Organisation: Einführung in Holacracy™. https://www.rolfl.de/files/holacracy2007.pdf (18.12.2020).

Romme, A. G. L. (1999). Herrschaft, Selbstbestimmung und zirkuläre Organisation. Organisationsstudien. SAGE-Veröffentlichungen, 20, 801–832.

Rothfuß, D. (2017). Einfluss von Persönlichkeitsmerkmalen auf das Verhandlungsverhalten und -ergebnis, in F. G. Becker/S. Süß/M. Andresen (Hrsg.), Personal, Organisation und Arbeitsbeziehungen. Köln: Josef Eul Verlag.

Rothmann, S./Coetzer, E. (2003). The Big Five Personality Dimensions and Job Performance. SA Journal of Industrial Psychology, 29, 68–74.

Ruben, B. D./Gigliotti, R. A. (2016). Leadership as Social Influence. Journal of Leadership & Organizational Studies, 23, 467–479.

Rupietta, K./Beckmann, M. (2018). Working from Home. What is the Effect on Employees' Effort? Schmalenbach Business Review, 70, 25–55.

Ruppel, C. P./Gong, B./Tworoger, L. C. (2013). Using Communication Choices as a Boundary-Management Strategy: How Choices of Communication Media Affect the Work-Life Balance of Teleworkers in a Global Virtual Team. Journal of Business and Technical Communication, 27, 436–471.

Ryan, R. M./Deci, E. L. (2000). Intrinsic and extrinsic motivations: classic definitions and new directions. Contemporary Educational Psychology, 25, 54–67.

Sack, Catherine (2018): Wie ändert sich die Wahrscheinlichkeit, an Burnout zu erkranken, bei zunehmender Tätigkeit im Homeoffice? Eine theoretisch fundierte Entwicklung eines standardisierten Fragebogens zu einer personalwirtschaftlichen Fragestellung im Kontext Digitalisierung von Arbeit / Arbeit 4.0. Projektarbeit. Wien: GRIN.

Scheibenpflug, O./Andorfer, U./Kuderer, M./Musalek, M. (2017). Prävalenz des Burnout-Syndroms in Österreich. Verlaufsformen und relevante Präventions- und Behandlungsstrategien. Wien: Bundesministerium für Arbeit, Soziales und Konsumentenschutz (BMASK).

Schirmer, U./Woydt, S. (2016). Mitarbeiterführung. Heidelberg: Springer.

Schwarzmüller, T./Brosi, P./Welpe, I. M. (2017). Führung 4.0 – Wie die Digitalisierung Führung verändert, in *Hildebrandt, A./Landhäußer, W.* (Hrsg.), CSR und Digitalisierung: Der digitale Wandel als Chance und Herausforderung für Wirtschaft und Gesellschaft. Wiesbaden: Springer Verlag.

Simsa, R. (2019). Leadership in Organisationen sozialer Bewegungen: Kollektive Reflexion und Regeln als Basis für Selbststeuerung. Gruppe. Interaktion. Organisation. Zeitschrift für Angewandte Organisationspsychologie (GIO), 50, 291–297.

Simsa, R./Patak, M. (2016). Leadership in Nonprofit-Organisationen. Die Kunst der Führung ohne Profitdenken (2. überarbeitete Auflage). Wien: Linde Verlag.

Simsa, R./Rameder, P./Aghamanoukjan, A./Totter, M. (2019). Spontaneous Volunteering in Social Crises: Self-Organization and Coordination. Nonprofit and Voluntary Sector Quarterly.

Simsa, R./Steyrer, J. (2013). Führung in NPOs, in *Simsa, R./Meyer, M./Badelt, C.* (Hrsg.), Handbuch der Nonprofit-Organisation. Strukturen und Management. Stuttgart: Schäffer-Poeschel, 359–381.

Simsa, R./Totter, M. (2020). Leadership in Social Movement Organizations. Ephemera, forthcoming.

Song, Y./Gao, J. (2018), Does telework stress employees out? A study on working at home and subjective well-being for wage/salary workers. Discussion Paper No. 11993, Institute for Labor Economics.

Sprenger, R. K. (1997). Die Entscheidung liegt bei dir! Wege aus der alltäglichen Unzufriedenheit. Frankfurt am Main: Campus.

Stettes, O. (2016). Gute Arbeit: Höhere Arbeitszufriedenheit durch mobiles Arbeiten. IW-Kurzbericht Nr. 76. Köln.

Steyrer, J./Meyer, M. (2010). Welcher Führungsstil führt zum Erfolg? Zeitschrift für Führung und Organisation (zfo), 79, 148–155.

Suh, A./Lee, J. (2017). Understanding teleworkers' technostress and its influence on job satisfaction. Internet Research, 27, 140–159.

Sutherland, N./Land, C./Böhm, S. (2014). Anti-leaders(hip) in Social Movement Organizations: The case of autonomous grassroots groups. Organization, 21, 759–781.

Tannenbaum, R./Schmidt, W. H. (1958). How to Choose a Leadership Pattern. Harvard Business Review 36, 95–102.

Varghese, L./Barber, L. K. (2017). A preliminary study exploring moderating effects of role stressors on the relationship between Big Five personality traits and workplace cyberloafing. Cyberpsychology: Journal of Psychosocial Research on Cyberspace, 11.

Weinert, C./Maier, C./Laumer, S. (2015). Why are teleworkers stressed? An empirical analysis of the causes of telework-enabled stress, in: *Thomas, O./Teuteberg, F.* (Hrsg.), Proceedings der 12. Internationalen Tagung Wirtschaftsinformatik (WI 2015), Osnabrück, 1407–1421.

Wheatley, D. (2014). Travel-to-work and subjective well-being: A study of UK dual career households. Journal of Transport Geography, 39, 187–196.

Wheatley, D. (2017). Employee satisfaction and use of flexible working arrangements. Work, employment and society, 31, 567–585.

Witt, A./Carlson, D. S. (2006). The Work-Family Interface and Job Performance: Moderating. Effects of Conscientiousness and Perceived Organizational Support. Journal of Occupational Health Psychology, 11, 343–357.

Wunderer, R. (2003). Führung und Zusammenarbeit. München: Luchterhand.

Wüthrich, H. A./Osmetz, D./Kaduk, S. (2009). Musterbrecher. Führung neu leben. Wiesbaden: Gabler.

Zeglovits, E. (2020). Zeit- und ortsungebundenes Arbeiten. Wien: IFES – Institut für empirische Sozialforschung GmbH. https://www.arbeiterkammer.at/homeoffice (13.01.2021).